陈绪荣◎主编

来自全世界的特色美食

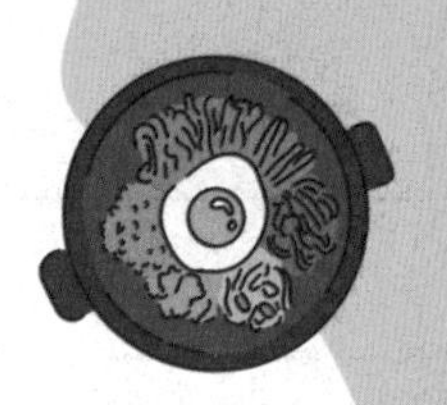

中国纺织出版社

图书在版编目（CIP）数据

来自全世界的特色美食 / 陈绪荣主编. -- 北京：
中国纺织出版社，2019.8（2025.3 重印）
ISBN 978-7-5180-6097-9

Ⅰ. ①来… Ⅱ. ①陈… Ⅲ. ①食谱－世界 Ⅳ.
① TS972.18

中国版本图书馆 CIP 数据核字（2019）第 063566 号

责任编辑：舒文慧　　责任校对：王花妮　　责任印制：王艳丽

中国纺织出版社出版发行
地址：北京市朝阳区百子湾东里 A407 号楼　　邮政编码：100124
销售电话：010-67004422　传真：010-87155801
http://www.c-textilep.com
中国纺织出版社天猫旗舰店
官方微博 http://weibo.com/2119887771
三河市天润建兴印务有限公司印刷　各地新华书店经销
2019 年 8 月第 1 版　2025 年 3 月第 2 次印刷
开本：710×1000　1/16　印张：10
字数：80 千字　定价：58.00 元

目录 CONTENTS

Part 1
欧洲珍馐，舌尖上的精致享受

Part 2
饮食亚洲，让味蕾领略醉人风情

Part 3
美洲佳肴，多元化的“食尚”体验

Part 4
非洲美食，大羹至简却不失风味

Part 5
大洋洲盛宴，大自然的美食馈赠

欧洲珍馐，舌尖上的精致享受

欧洲美食一向以精致、美味闻名世界，拥有品类繁多的华美菜式。
不仅仅是牛肉、羊肉、鹅肝、蜗牛等荤菜让人胃口大开，
就连奶酪、蛋糕、面包这些小吃都制作得精致无比，
配上一杯葡萄酒细细品尝吧！

南瓜蔬菜浓汤

/意大利/

分量：1人份
制作时间：20分钟
难易度：★☆☆

原料

南瓜135克，西蓝花45克，洋葱35克，口蘑20克，西芹15克

调料

白糖2克，橄榄油、盐、鸡粉各适量

制作步骤

1. 洗净去皮的南瓜去籽，切成片；处理好的洋葱切成丝；洗净的西蓝花切小朵；洗净的口蘑切片；西芹切细条。
2. 奶锅中注入清水烧开，倒入西芹、部分洋葱、口蘑、西蓝花，加入适量盐，搅拌均匀，煮至断生，捞出食材，沥干水分。
3. 奶锅中倒入橄榄油烧热，倒入洋葱，炒香，倒入南瓜片，翻炒片刻，注入适量的清水，盖上盖，大火煮开后转小火煮15分钟，揭开盖，将煮好的汤倒入榨汁机中，盖上盖，调转旋钮至2档，将食材打碎，揭开盖，将汤倒入碗中。
4. 奶锅置火上，倒入汤，煮沸，再倒入汆煮好的食材，拌匀，加入适量盐、白糖、鸡粉，搅拌均匀，关火后将汤盛出装入碗中即可。

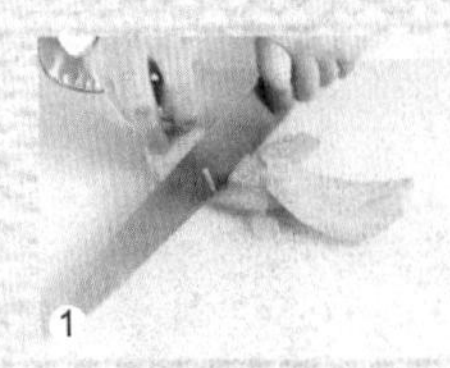
1

2

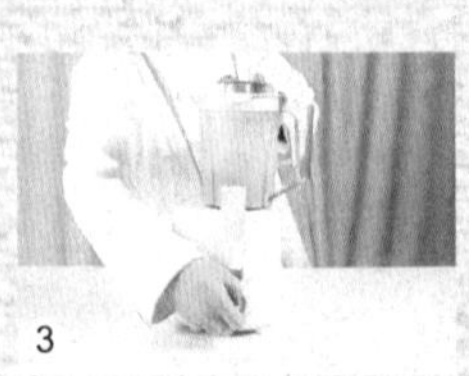
3

4

Tips

将西蓝花在清水中或放了盐的水中浸泡片刻，能清洗得更干净。食用时可以撒上适量胡椒粉。

意式蔬菜汤

/意大利/

分量：3人份
制作时间：35分钟
难易度：★☆☆

原料

土豆、胡萝卜各150克，黄彩椒、红彩椒各100克，洋葱、西红柿各50克，四季豆80克，眉豆60克，西芹30克，蔬菜高汤500毫升，新鲜薄荷叶少许

调料

番茄酱30克，白胡椒粉5克，盐、橄榄油各适量

制作步骤

1. 土豆去皮切丁；胡萝卜去皮切丁；黄彩椒、红彩椒均洗净，去籽切丁；洋葱洗净切块；西红柿洗净切丁；西芹洗净切条；四季豆洗净切小段；新鲜薄荷叶洗净。
2. 炒锅中倒入橄榄油烧热，下入洋葱块、西芹条、蒜末爆香，倒入土豆丁、胡萝卜丁、黄彩椒丁、红彩椒丁、西红柿丁、四季豆，翻炒至熟。
3. 倒入蔬菜高汤、眉豆煮沸，放入番茄酱拌匀，小火煮25分钟，加盐、白胡椒粉搅拌均匀。
4. 煮好的汤装碗，撒上薄荷叶即可。

Tips
若是喜欢薄荷的香味，
可以在煮制这道汤的时
候加入适量的薄荷叶。

凯撒沙拉

/意大利/

分量：1人份

制作时间：8分钟

难易度：★☆☆

原料

圆生菜60克，面包丁40克，奶酪粒8克，鳀鱼柳5克

调料

黄油、橄榄油、奶酪粉各适量，蜂蜜5克，白醋3毫升，盐3克

制作步骤

1. 洗净的圆生菜撕成小块，待用。
2. 热锅倒入黄油，加热至融化，放入面包丁，煎至金黄色，将煎好的面包丁盛入盘中待用。
3. 取一碗，倒入奶酪粒、橄榄油、鳀鱼柳，加入盐、蜂蜜，淋上白醋。
4. 放上洗净的圆生菜，拌匀，盛入备好的盘中，撒上面包丁以及奶酪粉即可。

Tips

圆生菜直接用手撕成片，吃起来会比刀切的更脆。

香煎意大利芹黄油鸡排

/意大利/

分量：1人份
制作时间：15分钟
难易度：★☆☆

原料

鸡胸肉250克，面粉20克，意大利芹15克，黄油适量

调料

黑胡椒粉、盐、鸡粉各3克，白葡萄酒30毫升，橄榄油适量

制作步骤

1. 洗净的鸡胸肉切成两块，洗净的意大利芹切碎。
2. 取一碗，倒入鸡胸肉、芹菜碎，加入黑胡椒粉、盐、鸡粉、橄榄油，拌匀，淋上白葡萄酒，充分拌匀，腌渍至入味。
3. 热锅中放入黄油，加热至融化，倒入鸡胸肉，撒上面粉，将鸡胸肉煎至两面呈焦黄色，盛入盘中即可。

意大利面

/意大利/

分量：1人份

制作时间：10分钟

难易度：★☆☆

原料

熟意大利面200克，洋葱碎50克，蒜末20克，西芹碎8克，青椒碎10克，西红柿丁50克，肉末100克，番茄酱20克，黄油适量

调料

鸡粉、盐、黑胡椒各2克，橄榄油适量

制作步骤

1. 热锅注入橄榄油烧热，倒入蒜末爆香，倒入洋葱碎、西芹碎、青椒碎、西红柿丁、肉末炒匀，倒入番茄酱、黄油炒匀，再注入清水拌匀煮沸，炒至收汁后放入鸡粉、盐、黑胡椒，翻炒调味，盛入碗中，制成酱料。
2. 热锅倒入橄榄油烧热，放入番茄酱炒香，放入熟意大利面、盐、鸡粉炒匀，盛入碗中，浇上酱料即可。

萨巴雍

/意大利/

分量：2人份
制作时间：16分钟
难易度：★★☆

原料

樱桃250克，蛋黄2个，樱桃利口酒50毫升，橙子半个

调料

细砂糖60克，防潮糖粉适量

制作步骤

1. 将樱桃洗净去蒂、去核，再装入平底盘中。
2. 在樱桃上均匀地撒上细砂糖。
3. 将擦网置于平底盘的正上方，将橙皮擦成末，静置腌渍约30分钟。
4. 将蛋黄倒入平底锅中，边加热边用手动搅拌器将其搅散。
5. 锅中分次倒入樱桃利口酒，快速搅拌均匀，改小火，匀速搅拌至成糊状。
6. 将平底锅中的材料倒在樱桃上。
7. 将平底盘置于已预热至220℃的烤箱中层，烘烤约10分钟，至表面微微出现焦黄取出。
8. 盘中再筛上一层防潮糖粉即可。

Tips

樱桃可以提前用樱桃利口酒浸泡，味道会更浓郁。

奶油芦笋汤

/法国/

分量：1人份

制作时间：20分钟

难易度：★☆☆

原料

土豆80克，芦笋10克，白洋葱碎70克，香叶少许，浓缩鸡汁10克，黄油、淡奶油各8克

调料

鸡粉2克，盐少许

制作步骤

1. 洗净去皮的土豆切厚片，切条，再切小块；洗净去皮的芦笋斜刀切成小段。
2. 奶锅中放入黄油、白洋葱碎和香叶，翻炒出香味；倒入土豆和芦笋，炒至食材变软，注入适量的清水，加入浓缩鸡汁，拌匀，煮至沸腾后转小火煮15分钟，盛入碗中，拣去香叶。
3. 备好榨汁机，倒入汤，盖上盖，将食材打碎，掀开盖，将汤倒入碗中，待用。
4. 奶锅中倒入汤，小火煮沸，加入盐、鸡粉，拌匀，倒入淡奶油，充分搅拌均匀，关火后将煮好的汤盛出装入碗中即可。

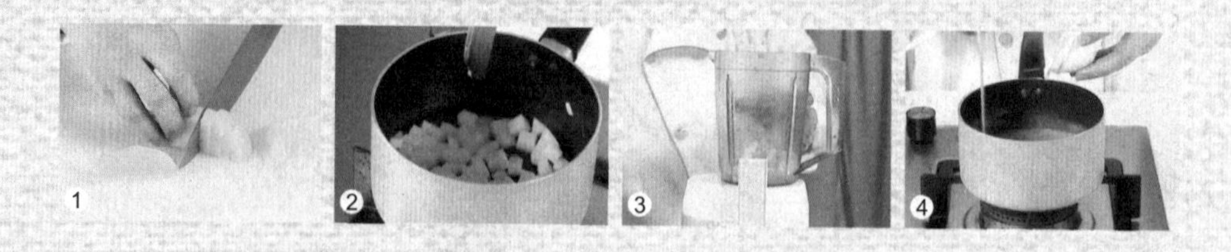

Tips

切好的土豆可在凉水中浸泡片刻，口感更好。

红酒鹅肝

/法国/

分量：1人份
制作时间：12分钟
难易度：★☆☆

原料

鹅肝100克，面包50克，黑橄榄30克，蒜1瓣，薄荷叶、洋葱、水淀粉各少许

调料

橄榄油10毫升，盐少许，红酒适量

制作步骤

1. 蒜、洋葱均切末；鹅肝蘸少许水淀粉。
2. 锅注橄榄油烧热，放入适量蒜末、洋葱末炒香，放入鹅肝煎至两面焦黄，加盐调味。
3. 黑橄榄去核后入锅，放入红酒，待鹅肝吸收后，盛出。
4. 将面包装盘，之后将鹅肝放在上面，放上薄荷叶装饰即可。

Tips
红酒能够很好地去除鹅肝的腥味。

法式焗烤扇贝

/法国/

分量：1人份
制作时间：12分钟
难易度：★☆☆

原料

扇贝3个，面粉20克，奶酪碎40克，芹菜丁、洋葱碎、胡萝卜丁各30克，黄油40克，蒜末少许

调料

盐、鸡粉各1克，胡椒粉2克，黄油40克，橄榄油、白兰地各少许

制作步骤

1. 将扇贝肉装碗，加入盐和鸡粉，放入胡椒粉、面粉，拌匀，腌渍至其入味。
2. 热锅中注入橄榄油，烧热，放入腌好的扇贝肉，煎约1分钟至底部微黄，翻面，续煎约2分钟至两面焦黄，中途需翻面1～2次，将煎至微熟的扇贝肉放入扇贝壳中。
3. 洗净的锅置火上，放入黄油、蒜末爆香片刻，倒入芹菜丁、洋葱碎和胡萝卜丁，翻炒约半分钟至食材微软，倒入白兰地酒翻炒均匀，放在煎好的扇贝肉上，均匀地撒上奶酪碎。
4. 将扇贝肉放入烤箱中，上下火均调至150℃，烤5分钟至熟，取出烤好的扇贝装盘即可。

1

2

3

4

Tips
煎扇贝时用中小火，不
宜将扇贝肉煎至过熟。

马卡龙

/法国/

分量：2人份

制作时间：40分钟

难易度：★★★

原料

水30毫升，蛋白95克，杏仁粉120克，糖粉120克，打发鲜奶油适量

调料

细砂糖150克

制作步骤

1. 将容器置于火上，倒入水、细砂糖，拌匀，煮至白糖完全溶化，用温度计测水温为118℃后关火。
2. 将50克蛋白倒入大碗中，用电动搅拌器打发至蛋白起泡，一边倒入煮好的糖浆，一边搅拌，制成蛋白部分。
3. 在大碗中倒入杏仁粉，将糖粉过筛至碗中，加入45克蛋白，搅拌成糊状，倒入1/3的蛋白部分，拌匀。
4. 拌好的材料倒入剩余蛋白部分中，拌匀成面糊，倒入裱花袋中。
5. 把硅胶垫放在烤盘上，用剪刀在裱花袋尖端部位剪开一个小口，在烤盘中挤上大小均等的圆饼状面糊，待其凝固成形。
6. 将烤盘放入烤箱，以上火150℃、下火150℃烤15分钟至熟，取出放凉。
7. 把打发好的鲜奶油装入裱花袋中，在尖端部位剪开一个小口。
8. 取一块烤好的面饼，挤上适量打发的鲜奶油，再取一块面饼，盖在鲜奶油上方，制成马卡龙，装入盘中即可。

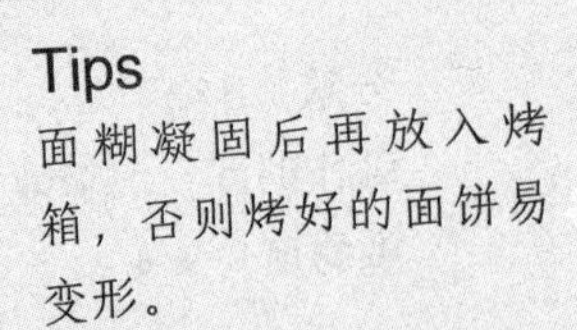

Tips

面糊凝固后再放入烤箱，否则烤好的面饼易变形。

牧羊人派

/英国/

分量：3人份

制作时间：35分钟

难易度：★★☆

原料

牛肉末450克，土豆200克，鸡汤250毫升，洋葱、豌豆、西芹末、蘑菇末各少许，黄油、面粉各适量

调料

蒜末、番茄酱、盐、胡椒粉各适量

制作步骤

1. 土豆去皮，放入锅中煮熟后捞出，压碎成泥，加入黄油、盐和胡椒粉调味。
2. 炒锅里加适量黄油，放入洋葱和蒜末炒香，再加牛肉末翻炒，放入西芹末、蘑菇末和洗净的豌豆炒匀。
3. 加入鸡汤、番茄酱、面粉、盐、胡椒粉拌匀，小火焖10分钟，再大火收汁，制成馅料。
4. 把烧好的馅装到玻璃烤盘里，表面铺上土豆泥，放入烤箱烤15分钟，取出切块，土豆泥朝上装盘即可。

炸薯条

/英国/

分量：2人份

制作时间：6分钟

难易度：★★☆

原料

去皮土豆200克，番茄酱45克

调料

食用油适量

制作步骤

1. 将土豆切成条。
2. 将土豆条放入清水中浸泡一会儿，以去除多余的淀粉。
3. 沸水锅中放入泡好的土豆条，汆烫约2分钟至断生，捞出汆烫好的土豆条，沥干水分，装盘待用。
4. 锅中倒入足量的油，烧至七成热，放入土豆条，油炸约3分钟至呈金黄色，捞出，食用时蘸取番茄酱即可。

红酒牛排

/英国/

分量：2人份

制作时间：80分钟

难易度：★★☆

原料

牛排250克，烤土豆100克，红酒35毫升，香葱段、生菜叶、西红柿各适量

调料

盐2克，黑胡椒碎、辣椒粉、孜然粉、橄榄油各适量

制作步骤

1. 牛排洗净，用刀背拍打牛排2分钟，力度不要过猛，以免将肉质拍打得过于松散。
2. 牛排放入盘中，加入盐、黑胡椒碎，再倒入约25毫升的红酒，腌渍1小时入味。
3. 生菜叶洗净撕片，西红柿洗净对半切开，均摆入盘中。
4. 平底锅中倒入橄榄油，烧热后放入牛排用小火煎制5分钟，翻面，继续煎约3分钟至牛排七成熟，也可以适当调节煎制的时间。
5. 锅中再倒入少许橄榄油，放入香葱段炒香。
6. 倒入剩余红酒，再撒上黑胡椒碎、盐、辣椒粉、孜然粉，小火再煎一会儿至牛肉八成熟。
7. 关火，盛出煎好的牛排，装入盘中，放上烤土豆即可。

德式烤猪肘

/德国/

分量：2人份
制作时间：52分钟
难易度：★★☆

原料

猪肘1个，生菜、西蓝花各适量，姜片、大葱段各10克

调料

盐4克，黑胡椒、百里香、迷迭香、胡椒粉、葡萄酒、橄榄油各适量

制作步骤

1. 猪肘洗净；生菜叶洗净；西蓝花洗净，焯熟备用。
2. 将盐、橄榄油、葡萄酒、胡椒粉调匀成腌料，刷在猪肘表面腌渍15分钟。
3. 高压锅中倒入清水，放入姜片、大葱段、黑胡椒、百里香、迷迭香，再放入猪肘，大火烧开后转小火炖15分钟。
4. 将猪肘取出，放入预热到280℃的烤箱中，刷上一层橄榄油，烤制15分钟至猪肘外皮酥脆，取出装盘，摆上生菜叶、西蓝花装饰即可。

奶油蘑菇汤

/斯洛伐克/

分量：1人份

制作时间：20分钟

难易度：★☆☆

原料

口蘑90克，洋葱30克，黄油40克，淡奶油70克

调料

白兰地5毫升，盐、白糖各2克，鸡粉少许

制作步骤

1. 洗净的口蘑切成片；洋葱切成丝。
2. 奶锅中倒入黄油，搅拌至融化，倒入洋葱丝，翻炒出香味，倒入口蘑片，翻炒均匀，淋上白兰地，注入适量清水拌匀，大火煮开后转小火煮15分钟，盛入碗中。备好榨汁机，倒入煮好的汤，将其打碎，倒入碗中。
3. 奶锅置于火上，倒入汤，煮开，加入盐、白糖、鸡粉，搅拌调味，倒入淡奶油，边煮边搅拌，关火后将煮好的汤盛入碗中即可。

罗宋汤

/俄罗斯/

分量：2人份
制作时间：38分钟
难易度：★☆☆

原料

猪肉200克，火腿100克，圆白菜150克，西红柿、土豆各50克，洋葱、西芹各35克，鸡骨高汤800毫升，新鲜香菜碎少许

调料

番茄酱35克，面粉30克，细砂糖10克，盐、食用油各适量

制作步骤

1. 猪肉洗净切丁；火腿切丁；圆白菜洗净切条；西红柿洗净切块；土豆、洋葱均去皮切块；西芹洗净切丁。
2. 锅中注入清水烧开，倒入猪肉丁，焯煮后捞出，备用。
3. 炒锅置于火上，倒入食用油烧热，先下入洋葱块、西芹丁、面粉，炒至香气透出。
4. 放入圆白菜、土豆块、西红柿块、猪肉丁、火腿丁，加入盐，炒匀，盛出。
5. 汤锅置于火上，倒入鸡骨高汤煮沸，倒入炒好的菜肴，加番茄酱、盐、细砂糖，中火煮30分钟。
6. 煮好的汤汁装碗，撒上新鲜香菜碎即可。

Tips

使用没有经过调味的番茄酱来制作这道汤，味道会更自然。

西红柿冻汤

/西班牙/

分量：2人份
烹饪时间：18分钟
难易度：★☆☆

原料

黄瓜100克，西红柿250克，红彩椒、黄彩椒各50克，洋葱15克

调料

辣椒汁10克，番茄酱40克

制作步骤

1. 洗净的黄瓜去瓤，切成丁；洗净的红彩椒、黄彩椒均切开，去籽，切成丁。
2. 处理好的洋葱切开，再切丁；洗净的西红柿切开，切瓣儿，待用。
3. 备好榨汁机，倒入彩椒、黄瓜、西红柿、洋葱，加入番茄酱、辣椒汁。
4. 将食材打碎至汤汁状，倒入碗中，放上剩余蔬菜丁装饰即可。

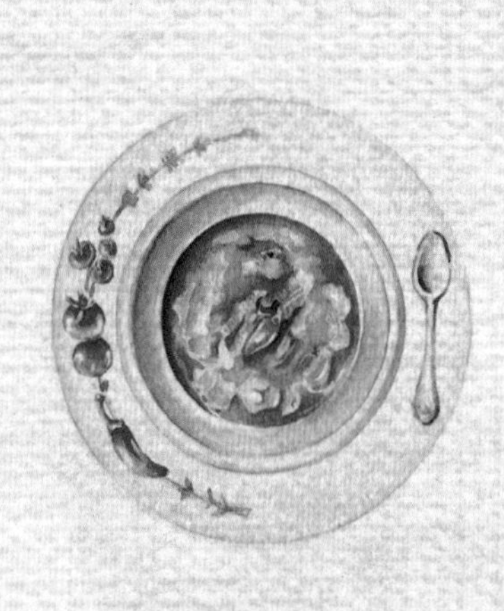

Tips

这款汤呈现出让人很有食欲的色泽，吃起来十分冰爽，透着一番夏日的味道。

西班牙海鲜饭

/西班牙/

分量：2人份
烹饪时间：50分钟
难易度：★★☆

原料

鲜虾、蛤蜊、青口各100克，大米（浸泡2小时）80克，洋葱末10克，豆角、红彩椒各15克

调料

盐2克，咖喱粉8克，白糖10克，白胡椒粉、橄榄油各适量，藏红花粉少许

制作步骤

1. 大米洗净沥干水分；鲜虾洗净去须；蛤蜊、青口浸泡20分钟，吐去泥沙；豆角、红彩椒均洗净切好备用。
2. 锅中倒入适量橄榄油，烧热后放入洋葱末炒香，随后倒入已淘洗好的大米，一起拌炒3分钟。
3. 加少许藏红花粉，再倒入适量清水，大火煮约5分钟至水滚。
4. 将盐、咖喱粉、白糖和白胡椒粉混合倒入锅中，快速拌炒至白糖化开。
5. 放入鲜虾、蛤蜊、青口、豆角和红彩椒，炒匀，用大火煮8分钟至水分将要收干。
6. 改成小火，加盖，焖煮10分钟至蛤蜊张开口即成。

Tips

西班牙海鲜饭原产地为瓦伦西亚。藏红花、海鲜和大米的组合成就了西班牙海鲜饭独一无二的味道。

青豆奶油浓汤

/瑞典/

分量：1人份
烹饪时间：20分钟
难易度：★☆☆

原料

豌豆85克，黄油40克，淡奶油70克

调料

盐2克，白糖、鸡粉各少许

制作步骤

1. 奶锅注入适量的清水大火烧开，倒入豌豆，加入适量盐，煮沸，倒入黄油。
2. 盖上盖，大火煮开后转小火煮15分钟，关火，揭开盖，将汤盛入碗中，待用。
3. 备好榨汁机，倒入汤，调转旋钮至2档，将食材打碎，倒入碗中。
4. 将汤倒入奶锅内，开火加热，加入盐、白糖、鸡粉，搅拌调味，再倒入淡奶油，稍煮片刻，将汤盛出即可。

Tips

奶油可边倒边搅拌，口感会更顺滑。

奶油豆蔻包

/瑞典/

分量：2人份
烹饪时间：115分钟
难易度：★★★

原料

无盐黄油50克，牛奶150毫升，酵母粉25克，小豆蔻粉3克，高筋面粉250克，淡奶油150克，杏仁糊100克，杏仁片、蛋液各少许

调料

盐2克，细砂糖40克，糖粉、香草糖浆各少许

制作步骤

1. 将无盐黄油放入锅中隔水加热至融化，倒入牛奶中，加入细砂糖、盐拌匀。
2. 将酵母粉、小豆蔻粉、高筋面粉混合筛入牛奶中，搅拌均匀，摔打、揉搓成光滑的面团。
3. 把面团用保鲜膜包裹，发酵40分钟。
4. 再揉搓面团，分切成6个小面团，分别揉成圆形。
5. 把小面团放入垫有油纸的烤盘中，再放入预热至30℃的烤箱里，发酵1小时。
6. 取出烤盘，在小面团上刷一层蛋液，撒上杏仁片，再放入预热至230℃的烤箱中，烤8分钟，取出，放凉，即成面包坯。
7. 在淡奶油中加入香草糖浆，用电动搅拌器打发，装入裱花袋中，备用。
8. 将面包坯顶部横刀切开，挖出部分内芯，填入杏仁糊，挤入打发的淡奶油，盖上面包顶部，筛上少许糖粉即可。

Tips

奶油豆蔻包是瑞典一种非常传统的甜点。以前只限在某个宗教节日享用，但瑞典人狂热迷恋这种挤满奶油的豆蔻包，所以重新规定，从新年到复活节都可以吃！

维也纳炸牛排

/奥地利/

分量：1人份
烹饪时间：72分钟
难易度：★★☆

原料

牛排200克，柠檬片20克，土豆100克，生菜50克，葱段、葱花各少许

调料

橄榄油10毫升，盐3克，辣椒粉10克，生抽8毫升，蛋清30克，柠檬汁、面包糠、食用油各适量

制作步骤

1. 洗净的土豆削皮，切成厚片；生菜洗净。
2. 在锅中注入清水烧热，放入土豆片，撒上适量的盐，淋入橄榄油，煮至熟捞出。
3. 将洗净的牛排放入碗中，加入盐、辣椒粉、生抽、柠檬汁拌匀。
4. 加入橄榄油拌匀，腌渍1小时。
5. 将腌渍好的牛排沥干水，裹上蛋清，再裹上面包糠。
6. 在烧热的锅中注入适量的食用油烧热，放入牛排，小火炸8分钟至酥脆，捞出。
7. 将生菜装盘垫底，放上牛排、柠檬片和土豆片，撒上葱花与葱段装饰即可。

Tips

牛排炸制的时间应根据牛肉的面积、烹饪器具和灶具火力的不同做出相应的调整。

咕咕霍夫

/奥地利/

分量：2人份

烹饪时间：28分钟

难易度：★★☆

原料

低筋面粉70克，杏仁粉40克，鸡蛋53克，牛奶60毫升，无盐黄油50克，泡打粉1克，大杏仁、果脯各适量

调料

糖粉70克

制作步骤

1. 将切块的无盐黄油倒入大玻璃碗中，用电动搅拌器搅打匀至呈乳黄色。
2. 分2次倒入糖粉，搅打至无干粉。
3. 分2次倒入鸡蛋，搅打至混合均匀。
4. 将低筋面粉、杏仁粉、泡打粉过筛，用橡皮刮刀搅拌成无干粉的面团。
5. 分3次倒入牛奶，翻拌均匀，撒入切碎的果脯拌匀，即成蛋糕糊。
6. 将蛋糕糊装入裱花袋，用剪刀在裱花袋尖端处剪一个小口。
7. 取模具，放入大杏仁，均匀地挤上蛋糕糊，轻震几下使其表面更平整。
8. 将模具放入已预热至180℃的烤箱中层，烘烤约21分钟，取出脱模即可。

北欧式三文鱼汤

/芬兰/

分量：1人份

烹饪时间：10分钟

难易度：★☆☆

原料

土豆丁80克，三文鱼块70克，洋葱丁20克，法香叶、柠檬片各15克，迷迭香、罗勒碎各10克，淡奶油35克，西蓝花50克

调料

盐、黑胡椒粉各2克，鸡汁5克，橄榄油适量

制作步骤

1. 锅置火上，淋入橄榄油，烧热，放入洋葱丁，翻炒数下，放入土豆丁、西蓝花，炒匀。
2. 注入适量清水至稍稍没过食材，煮约1分钟，再放入罗勒碎、迷迭香，搅匀。
3. 将法香叶撕碎，放入锅中，加入柠檬片，搅拌均匀，放入三文鱼块搅匀。
4. 加入黑胡椒粉、盐拌匀，倒入鸡汁，搅匀调味，倒入淡奶油，搅匀，煮1分钟至汤味浓郁，关火后盛入碗中即可。

羊奶酪沙拉

/希腊/

分量：2人份
烹饪时间：10分钟
难易度：★☆☆

原料

洋葱30克，圣女果200克，羊奶酪120克，青橄榄50克，黄瓜80克，薄荷叶、生菜各适量

调料

盐2克，白糖10克，橄榄油、沙拉酱各适量

制作步骤

1. 圣女果洗净，分切成4块儿；洋葱洗净，切成丝；黄瓜洗净，切成片。
2. 羊奶酪切成一样大小的丁；青橄榄、薄荷叶、生菜均洗净，沥干水分。
3. 取干净的大碗，将青橄榄、薄荷叶、生菜及切好的材料放入碗中拌匀，倒入羊奶酪丁。
4. 加入盐、白糖，拌匀，使白糖完全溶化，加入橄榄油、沙拉酱拌匀即可。

焦糖煎饼

/荷兰/

分量：2人份
烹饪时间：36分钟
难易度：★★☆

原料

中筋面粉250克，速发酵母5克，无盐黄油120克，清水60毫升，鸡蛋1个

调料

细砂糖70克，盐2克，肉桂粉7克，褐色糖100克，玉米糖浆45克，香草精少许

制作步骤

1. 将室温软化的60克无盐黄油倒入玻璃碗中，把中筋面粉、速发酵母粉、5克肉桂粉、细砂糖筛入碗中，拌均匀。
2. 分次加入清水，搅拌均匀，加入鸡蛋、盐，搅拌成团，用保鲜膜包好，发酵30分钟。
3. 根据煎饼机的大小将面团分成小份，揉成团，按压成饼状，放入煎饼机，盖好，加热1分钟。
4. 趁热横刀分成2片，再放凉至定形，备用。
5. 将褐色糖和60克无盐黄油倒入锅中，中火加热至融化。
6. 转小火，倒入2克肉桂粉、玉米糖浆，搅拌加热至呈焦糖色。
7. 滴入香草精拌匀，涂抹在两片煎饼中间即可。

Tips

焦糖煎饼也称为荷兰松饼，不同于德式松饼的松软和比利时华夫饼的大格子，它更薄、更脆，配咖啡是很好的选择。

奶酪火锅

/瑞士/

分量：2人份

烹饪时间：16分钟

难易度：★☆☆

原料

埃曼塔尔奶酪200克，葛瑞尔奶酪100克，法国面包300克

调料

白酒、玉米粉、大蒜汁、柠檬汁各适量

制作步骤

1. 首先将法国面包切成适合食用的大小。
2. 将大蒜汁倒入锅里加热，搅拌均匀。
3. 锅加热，放入两种奶酪，融化后再依序倒入玉米粉、白酒烹煮。
4. 倒入少许柠檬汁后，再将准备好的法国面包放入奶酪锅内混合即可。

土豆饼配苹果酱

/卢森堡/

分量：2人份
烹饪时间：16分钟
难易度：★☆☆

原料

土豆2个，苹果酱50克，鸡蛋1个，面粉10克，苹果、小红提各适量

调料

白糖10克，草莓酱少许，橄榄油适量

制作步骤

1. 土豆去皮洗净后放入锅内煮至酥烂，取出捣成土豆泥，加入适量面粉、白糖、鸡蛋，拌匀。
2. 苹果洗净，切成片备用。
3. 将橄榄油倒入煎锅中，烧热后放入混合好的土豆泥，摊平，煎约4分钟至两面金黄色，即成土豆饼，装入盘中，放上小红提。
4. 将苹果酱倒在盘中，再摆上苹果片和草莓酱即可。

熏三文鱼派

/挪威/

分量：4人份
烹饪时间：60分钟
难易度：★★☆

原料

熏三文鱼片150克，6寸冷冻派皮1张，无盐黄油100克，奶酪80克，胡萝卜50克

调料

葱花10克，龙蒿、莳萝碎各适量，盐、黑胡椒粉、橄榄油各适量

制作步骤

1. 去皮的胡萝卜刨成细丝。
2. 将派皮放进刷了一层橄榄油的派盘里，用手轻轻按压紧实后，用叉子或汤匙轻轻切下派盘边缘多余的派皮。
3. 将熏三文鱼片放在派皮上，放入胡萝卜丝、盐、黑胡椒粉，加入无盐黄油抹匀，淋入橄榄油，撒入莳萝碎、葱花。
4. 将派盘放入预热至200℃的烤箱中烤制15分钟，取出，将烤温降至180℃，继续烤约40分钟直到表面呈金黄色，取出。
5. 待三文鱼派稍凉后，切成三角块，将腌三文鱼片和奶酪放于其上，用龙蒿装饰即成。

Tips
可以先用叉子在派皮上插几个小洞，再放入烤箱，以免派皮破裂。

红烩牛肉

/比利时/

分量：2人份
烹饪时间：100分钟
难易度：★★☆

原料

牛腩200克，去皮胡萝卜100克，洋葱70克，去皮土豆90克，西红柿50克，红酒70毫升，香叶2片

调料

盐、鸡粉、黑胡椒粉各3克

制作步骤

1. 土豆切成滚刀块；胡萝卜对半切开成小块；洗净的洋葱切块；洗净的西红柿切成瓣；牛腩切大块。
2. 热锅注入清水，放上香叶，加入盐、鸡粉、黑胡椒粉，倒入牛腩拌匀，大火煮开后转小火煮1.5小时。
3. 倒入胡萝卜、土豆，淋上红酒，炒匀，注入清水，加盖，大火煮开，转小火煮至沸腾。
4. 倒入洋葱、西红柿炒匀，加盐、鸡粉，充分拌匀入味，小火煮至食材熟软，盛入碗中即可。

Tips

牛腩事前腌渍片刻，食用的时候口味更好。

华夫饼

/比利时/

分量：2人份

烹饪时间：18分钟

难易度：★★☆

原料

低筋面粉180克，泡打粉5克，牛奶200毫升，黄油30克，蛋清、蛋黄各3个，草莓块40克

调料

糖浆40克，盐2克，细砂糖75克

制作步骤

1. 将细砂糖、牛奶倒入碗中，拌匀。加入低筋面粉，搅拌均匀。
2. 倒入蛋黄、泡打粉、盐，拌匀。再倒入软化的黄油，搅拌均匀，呈糊状。
3. 将蛋清倒入另一个碗中，打发，倒入饼糊中，搅拌均匀。
4. 华夫炉预热至200℃，在炉上涂上黄油，至黄油融化。
5. 将拌好的饼糊倒入炉具中，加热至起泡，盖上盖子，压着烤2分钟。
6. 将松饼直接装到盘中，淋上糖浆，放上草莓块装饰即可。

Tips

烤饼的时间不要太长，华夫炉预热好，放入饼糊后要及时翻面，不然饼就不松软了。

葡式蛋挞

/葡萄牙/

分量：2人份
烹饪时间：15分钟
难易度：★★☆

原料

牛奶100毫升，鲜奶油100克，蛋黄30克，炼乳5克，吉士粉3克，蛋挞皮适量

调料

白糖5克

制作步骤

1. 奶锅置于火上，倒入牛奶，加入白糖，开小火，加热至白糖全部溶化，搅拌均匀，倒入鲜奶油，煮至融化。
2. 依次加入炼乳、吉士粉和蛋黄，随加随拌，关火，制成蛋液，用过滤网将蛋液过滤两次，再倒入容器中。
3. 准备好蛋挞皮，把搅拌好的材料倒入蛋挞皮，约八分满，放入烤箱中。
4. 关上烤箱，以上火150℃、下火160℃烤约10分钟至熟，取出烤好的葡式蛋挞，装入盘中即可。

Tips

奶锅开火倒入牛奶、白糖后要不断搅拌，以免白糖煳锅。

饮食亚洲，
让味蕾领略醉人风情

世界饮食文化丰富多彩，而亚洲饮食文化独领风骚。
亚洲人文底蕴深厚，物产丰富。
凭借勤劳的双手和超群的智慧，
亚洲各国人民创造出了地域特色鲜明的各类美食。
接下来，就为您揭开亚洲各国美食的神秘面纱。

天妇罗

/日本/

分量：2人份

制作时间：18分钟

难易度：★☆☆

原料

鲜虾400克，天妇罗粉、面粉各适量

调料

盐少许，食用油适量

制作步骤

1. 将鲜虾洗净，去除虾壳、虾线。
2. 将天妇罗粉倒入碗中，加入少许面粉，搅拌均匀，加入适量清水，加入少许盐拌匀，制成天妇罗面糊。
3. 将虾仁内部横刀切些小口，但不要切断，让其变直，在虾仁的表面裹上面粉，再均匀裹上天妇罗面糊，制成天妇罗生坯。
4. 锅中注油烧热，放入天妇罗生坯，炸至虾仁熟时，捞出食用即可。

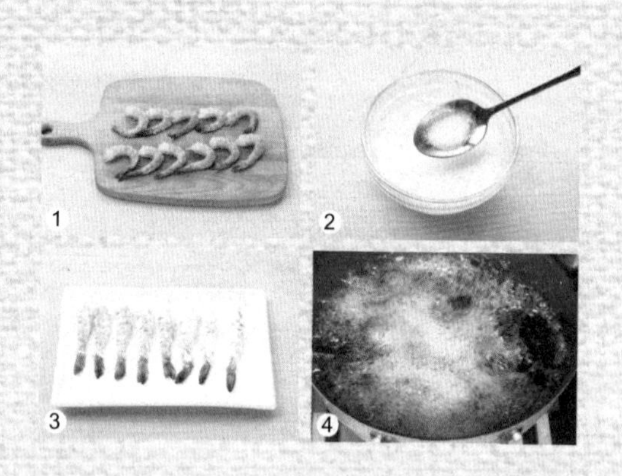

Tips
炸虾的时候要不停搅动，使其受热均匀。

章鱼小丸子

/日本/

分量：2人份

制作时间：18分钟

难易度：★☆☆

原料

章鱼烧粉100克，清水300毫升，鸡蛋1个，鱿鱼1条，圆白菜半个，洋葱1个

调料

青海苔碎、木鱼花、沙拉酱、章鱼烧汁、食用油各适量

制作步骤

1. 将鱿鱼、圆白菜、洋葱切成丁，将章鱼烧粉、鸡蛋、清水用手动打蛋器在碗中搅成面糊，再倒入量杯中备用。
2. 在章鱼小丸子烤盘上刷一层油预热，将面糊倒入至七分满，依次加入鱿鱼丁、圆白菜丁、洋葱丁。
3. 继续倒入面糊至将烤盘填满，待底部的面糊成形后，用钢针沿孔周围切断面糊，翻转丸子，将切断的面糊往孔里塞。
4. 烤至成形后，继续翻动小丸子，直到外皮呈金黄色。将烤好的小丸子装盘，撒上木鱼花、青海苔碎、章鱼烧汁和沙拉酱即可。

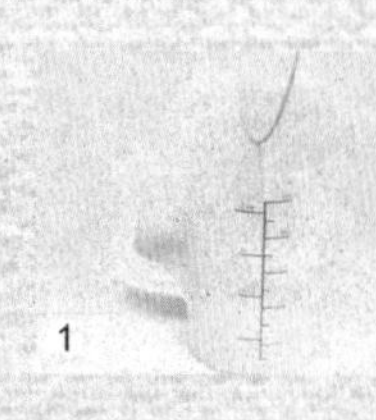

1

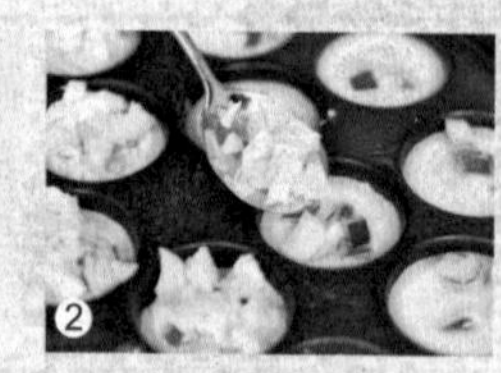

2

3

4

Tips

章鱼小丸子原名为“章鱼烧”。章鱼烧在日本已有70多年的历史，是一种日本民间流传很久的风味小吃。

烤秋刀鱼

/日本/

分量：2人份
制作时间：14分钟
难易度：★☆☆

原料

秋刀鱼300克，柠檬50克

调料

盐2克，生抽3毫升，料酒4毫升，食用油适量

制作步骤

1. 将洗净的秋刀鱼肉切段，切上花刀，放入盘中，加入适量盐、料酒、生抽，注入少许食用油，拌匀，腌渍片刻。
2. 烤盘中铺好锡纸，刷上底油，放入腌渍好的鱼肉，摆放好，再抹上食用油。
3. 将烤盘推入预热的烤箱中，调至200℃，烤约10分钟，至食材熟透，取出烤好的秋刀鱼，装在盘中，挤上柠檬汁即可。

芝麻味噌煎三文鱼

/日本/

分量：1人份
制作时间：18分钟
难易度：★★☆

原料

三文鱼肉、去皮白萝卜各100克，白芝麻3克

调料

椰子油、生抽、味噌、味淋各2毫升，料酒3毫升

制作步骤

1. 洗净的三文鱼肉对半切开成两厚片；白萝卜切圆片，改切成丝。
2. 切好的三文鱼装碗，倒入椰子油，加入白芝麻、味噌、料酒、生抽、味淋，拌匀，腌渍10分钟至入味。
3. 热锅中放入腌好的三文鱼，煎约90秒至底部变色，翻面，倒入腌渍汁，续煎约1分钟至三文鱼六成熟，翻面。
4. 放入剩余的腌渍汁，续煎1分钟，盛出装碗，放入白萝卜丝即可。

三文鱼寿司

/日本/

分量：2人份
制作时间：10分钟
难易度：★☆☆

原料

新鲜三文鱼300克，米饭适量

调料

寿司醋、芝麻油各适量，青芥末少许

制作步骤

1. 处理好的三文鱼由中间切成2块。
2. 取其中1块，将其切成约0.5厘米厚的生鱼片。
3. 再取另外1块，斜刀切片。
4. 备好一个空碗。
5. 将煮好的米饭盛入碗中，加入寿司醋。
6. 再放入少许芝麻油，将米饭搅拌均匀。
7. 将米饭捏成数个长方形的饭团，饭团表面放上切好的三文鱼生鱼片，挤上青芥末即可。

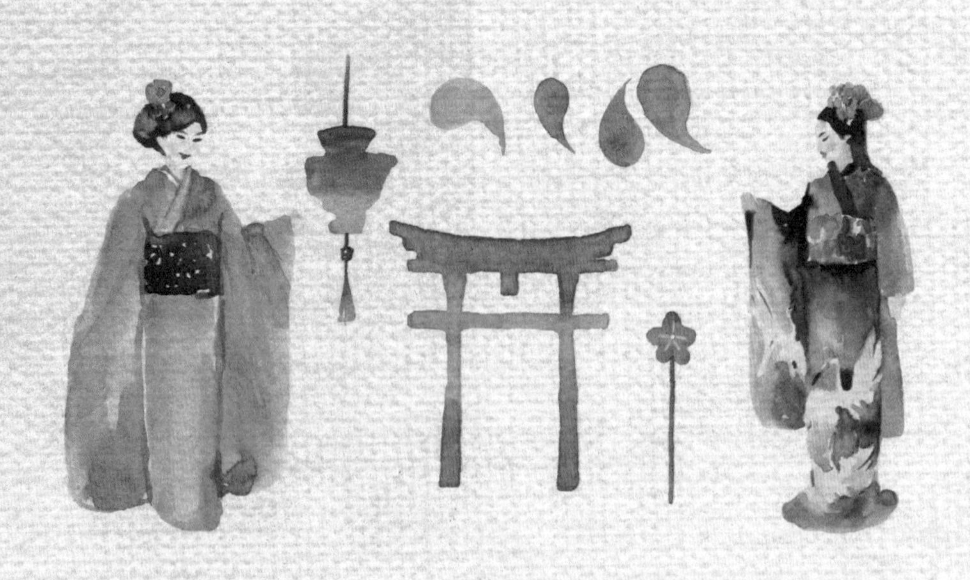

Tips
用手握饭团的时候，可以在手上抹适量芝麻油，以免饭粒粘在手上。

寿喜烧

/日本/

分量：1人份
制作时间：30分钟
难易度：★☆☆

原料

豆腐100克，肥牛200克，魔芋丝50克，金针菇、香菇、茼蒿、白菜心、大葱段各40克

调料

生抽100毫升，红糖30克，黄酒100毫升

制作步骤

1. 将豆腐洗净，切成长方块，入油锅煎至表面金黄，盛出备用。
2. 金针菇洗净，切去根部；香菇、白菜心、茼蒿、魔芋丝均洗净，用小刀在香菇表面切出十字花纹。
3. 肥牛洗净，切薄片，用生抽、红糖、黄酒和清水调成酱汁，倒入锅中。
4. 将豆腐、香菇、金针菇、魔芋丝、茼蒿和大葱段放入锅中，浸泡在酱汁中，再放入肥牛片煮熟即可。

厚蛋烧

/日本/

分量：2人份

制作时间：15分钟

难易度：★★☆

原料

鸡蛋5个，白萝卜50克，紫苏叶适量，高汤少许

调料

盐、料酒、酱油各少许，食用油适量

制作步骤

1. 将鸡蛋打入碗中，放入盐、料酒、酱油、高汤搅拌均匀。
2. 将白萝卜研磨成萝卜泥，装碗，淋上少许酱油备用。
3. 锅中倒入食用油，小火加热，倒入一部分蛋液，让其铺满整个锅底。
4. 待加热到半熟状态后，向后卷，制成蛋卷，待熟透后，取出切块，放入盘中，搭配紫苏叶、萝卜泥即可。

北海道戚风蛋糕

/日本/

分量：6人份
制作时间：15分钟
难易度：★★★

原料

低筋面粉85克，泡打粉2克，色拉油40毫升，蛋黄75克，牛奶180毫升，蛋白150克，塔塔粉2克，鸡蛋1个，玉米淀粉7克，黄油7克，打发的淡奶油100克

调料

细砂糖145克

制作步骤

1. 将25克细砂糖、蛋黄倒入容器中，搅拌均匀。
2. 加入75克低筋面粉、泡打粉拌匀。
3. 倒入30毫升牛奶，拌匀，再倒入色拉油，搅拌均匀，待用。
4. 准备一个容器，加入90克细砂糖、蛋白、塔塔粉，用电动搅拌器搅打均匀。
5. 拌匀之后用刮板将食材刮入前面的容器中，搅拌均匀。
6. 另备一个干净的容器， 倒入鸡蛋、剩余细砂糖，打发起泡。
7. 加入低筋面粉、玉米淀粉，倒入黄油、打发的淡奶油、牛奶， 搅拌均匀，制成馅料，待用。
8. 将步骤5中拌好的食材刮入蛋糕纸杯中，约至六分满，放入烤盘。
9. 烤盘入烤箱，以上火180℃、下火160℃烤15分钟，取出。
10. 将馅料装入裱花袋，在尖端部位剪去约1厘米，挤在蛋糕表面即可。

Tips

蛋糕面糊静置几分钟再入烤箱，成品表面会更光滑。

辣白菜

/韩国/

分量：4人份
制作时间：半个月
难易度：★★☆

原料

白菜1000克，萝卜200克，水芹菜20克，芥菜、牡蛎、葱各40克

调料

辣椒粉26克，白糖3克，盐2克，蒜泥16克，姜泥7克，腌小鱼酱、虾仁酱各20克，粗盐适量

制作步骤

1. 白菜洗净，用手掰断，放粗盐腌渍，将白菜正反面各腌3小时；牡蛎用淡盐水清洗。
2. 萝卜切丝；水芹菜去叶；葱、芥菜切段；所有调料混合拌匀成调味汁。
3. 萝卜丝加调味汁拌匀，放入水芹菜、芥菜和牡蛎拌匀后均匀抹在白菜帮之间。
4. 在泡菜坛子里整齐地放入白菜，并将白菜压实，冷藏发酵半个月即可。

Tips

辣白菜泡制半个月以上，在有益菌的作用下营养物质会增加，有害物质慢慢减少，这个时候口感也是最好的。

韩国石锅拌饭

/韩国/

分量：1人份
制作时间：25分钟
难易度：★★☆

原料

熟米饭1碗，蕨菜段20克，黄豆芽100克，鸡蛋1个，胡萝卜、菠菜各100克，辣白菜50克，葱花少许，辣椒酱10克

调料

白糖、芝麻油、白醋、雪碧、食用油各适量

制作步骤

1. 胡萝卜切丝；菠菜切段；黄豆芽、胡萝卜丝、蕨菜段、菠菜段分别焯水备用。
2. 石锅内壁抹匀芝麻油，铺上熟米饭煮2分钟，再铺上焯水后的食材和辣白菜。
3. 在装有辣椒酱的碗中，放入白糖、白醋、雪碧，搅拌均匀成酱汁，淋在食材上。
4. 热锅注油烧热，放入鸡蛋，煎至单面熟后，放在石锅里的食材上，撒上葱花即可。

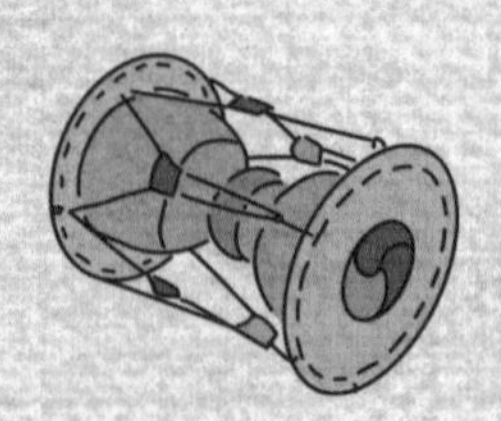

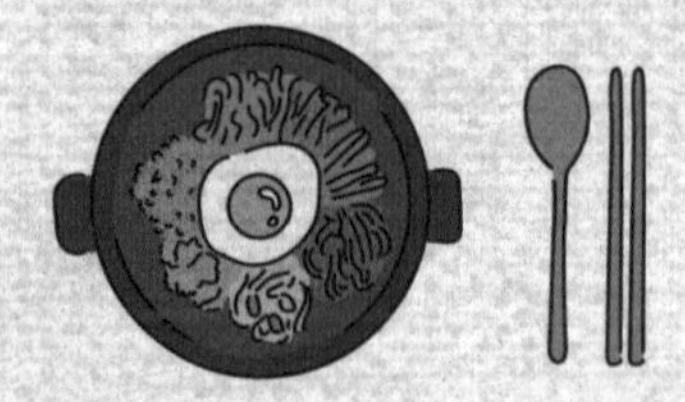

Tips

石锅拌饭是韩国具有代表性的美食之一，将时蔬与米饭在石锅中加热后拌在一起食用，非常有食欲。

喜面

/韩国/

分量：2人份

制作时间：70分钟

难易度：★★☆

原料

西葫芦150克，鸡蛋60克，辣椒丝少许，面条300克，牛肉200克

调料

清酱18克，盐3克，大葱、大蒜各20克

制作步骤

1. 在锅里放入牛肉、水、大葱、大蒜炖煮1小时，捞出牛肉切块，肉汤用纱布过滤。
2. 西葫芦切丝，炒熟；鸡蛋分成蛋清、蛋黄，分别打散煎成蛋皮，切成丝。
3. 锅中加水煮沸腾，放入面条，煮熟后将面条用冷水冲洗，再用筛子沥去水分，装碗。
4. 肉汤煮沸，加清酱与盐调味，浇在面条上，撒上牛肉、西葫芦、蛋皮丝、辣椒丝即可。

Tips

喜面是韩国人很喜爱吃的一种传统食物，过去由于小麦很贵，喜面一直都是婚宴上才可以吃到的奢侈食物。

冷面

/韩国/

分量：2人份

制作时间：25分钟

难易度：★★☆

原料

冷面400克，白萝卜170克，黄瓜50克，牛肉200克，梨70克，鸡蛋120克

调料

清酱9克，白醋60毫升，盐10克，白糖40克，细辣椒粉2克，松子、葱、大蒜各适量

制作步骤

1. 牛肉加入盐、葱、大蒜煮熟切片；煮牛肉的汤放凉，用清酱调味。
2. 黄瓜切片，加盐腌渍；白萝卜切片，加盐、白糖、白醋、细辣椒粉腌渍。
3. 梨切片，用白糖腌渍；鸡蛋煮熟、切半；冷面煮熟后用冷水冲洗，沥水后装碗。
4. 摆上准备好的牛肉片、黄瓜、白萝卜、鸡蛋、梨片、松子等，淋上肉汤即可。

煎西葫芦

/韩国/

分量：2人份
制作时间：18分钟
难易度：★☆☆

原料

西葫芦200克，青辣椒5克，红辣椒5克，面粉28克，鸡蛋120克

调料

酱油18毫升，醋、水各15毫升，盐少许，食用油适量

制作步骤

1. 西葫芦清洗干净，切厚片，撒盐腌渍10分钟左右；鸡蛋磕开，放盐后充分打散。
2. 青红辣椒切丝；酱油、醋、水混合，做成醋酱油；西葫芦裹上面粉，浸泡在蛋液里。
3. 加热的平底锅里抹上食用油，转中火放入西葫芦，正面煎2分钟左右。
4. 正面煎熟后，再翻面，摆放青红辣椒煎1分钟左右，配醋酱油上桌即可。

参鸡汤

/韩国/

分量：1人份
制作时间：80分钟
难易度：★★☆

原料

仔鸡1只，糯米180克，蒜、红枣、葱、水参、黄芪各少许

调料

盐、胡椒粉各适量

制作步骤

1. 各类食材分别处理干净；黄芪煮水后留黄芪水备用；葱清理洗净，切成条。
2. 将糯米、水参、蒜、红枣塞入仔鸡肚子里，为防止材料外漏，应将鸡腿交叉绑好。
3. 锅里放入仔鸡与黄芪水，大火煮20分钟后转中火，续煮50分钟左右。
4. 出锅后，配葱条、盐、胡椒粉，上桌即可。

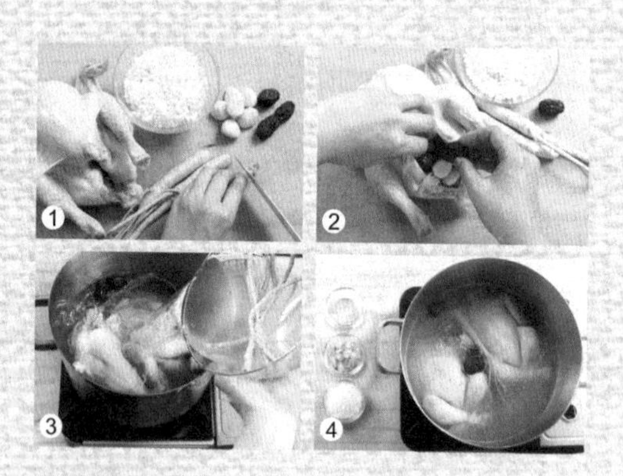

Tips
参鸡汤不仅是具有代表性的韩国宫廷料理之一，也是颇具特色的韩国药膳和肉类食品与滋补类食品的完美组合。

粽子

/中国/

分量：4人份
制作时间：220分钟
难易度：★★★

原料

水发糯米250克，五花肉160克，咸蛋黄60克，香菇25克，粽叶、粽绳若干

调料

盐3克，料酒4毫升，生抽5毫升，老抽3毫升，芝麻油适量

制作步骤

1. 处理好的五花肉去皮，切成块状；洗净的香菇去蒂，切块。
2. 取一个碗倒入五花肉块、香菇块，加入盐、生抽、料酒、老抽、芝麻油拌匀，腌渍2小时。
3. 取浸泡过12小时的粽叶，剪去两端，从中间折成漏斗状，放入已泡发8小时的糯米，加入咸蛋黄、五花肉块和香菇块，再放入糯米，将食材完全覆盖压平，粽叶贴着食材往下折，再将左叶边向下折，右叶边向下折，分别压住。
4. 将粽叶多余部分捏住，贴住粽体，用粽绳捆好扎紧，放入烧开的锅中煮1.5小时即可。

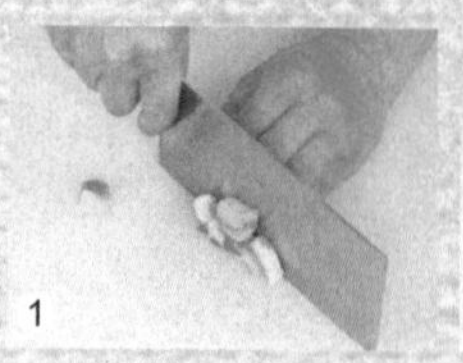
1

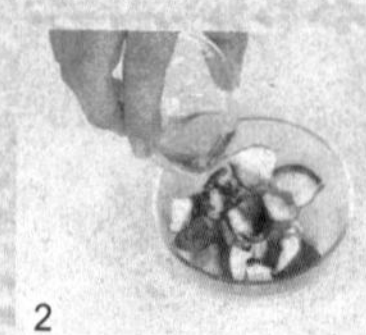
2

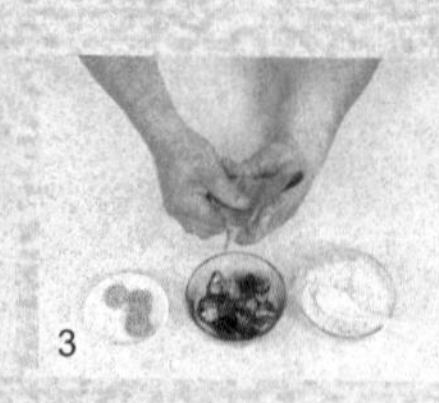
3

4

Tips
粽子一定要在水开后再下锅，煮粽子的水要全部没过粽子。

煎饺

/中国/

分量：3人份

制作时间：25分钟

难易度：★★☆

原料

高筋面粉100克，凉水50毫升，低筋面粉150克，温水100毫升，韭菜末300克，五花肉碎200克，香菇末50克，姜末适量

调料

白糖8克，味精4克，盐4克，鸡粉3克，水淀粉、猪油、食用油各适量

制作步骤

1. 将高筋面粉、低筋面粉倒在操作台上，用刮板拌匀，开窝。
2. 倒入温水，用刮板慢慢搅拌，倒入凉水，揉搓成光滑的面团。
3. 将五花肉碎、姜末、白糖、盐、味精放入碗中，拌匀，加入猪油、香菇末，拌匀。
4. 放入鸡粉，拌匀，分3次倒入水淀粉，并搅拌匀，倒入食用油，拌匀，倒入韭菜末，拌匀成韭菜猪肉馅，装入碗中。
5. 用刮板从备好的面团中切一块，揉搓成长条状，摘成10克一个的小剂子。
6. 用擀面杖将小剂子擀平、擀薄，制成饺子皮。
7. 在饺子皮上放入适量的馅，将饺子皮对折呈波浪形，捏紧，即成饺子生坯，放入蒸格。
8. 把装有水的蒸锅置于火上，用大火烧开，放入蒸格，用大火蒸5分钟至熟，取出蒸好的韭菜猪肉饺，装入盘中。
9. 煎锅中倒入食用油烧热，放入韭菜猪肉饺，煎至呈金黄色，盛出煎好的韭菜猪肉饺，装入盘中即可。

Tips

饺子馅不能放太满，否则饺子皮容易破裂。新手煎饺子时，最好选用不粘锅。

三丝炸春卷

/中国/

分量：3人份

制作时间：20分钟

难易度：★★☆

原料

木耳丝35克，韭黄段40克，胡萝卜丝60克，魔芋丝70克，肉末80克，香菇丝45克，低筋面粉30克，春卷皮数张

调料

盐、白糖、鸡粉各3克，蚝油5克，芝麻油4毫升，水淀粉4毫升，食用油适量

制作步骤

1. 把肉末倒入碗中，放盐，搅拌均匀，加入香菇丝、木耳丝、胡萝卜丝、韭黄段和魔芋丝。
2. 放入白糖，搅拌均匀，加入鸡粉，倒入蚝油、芝麻油，拌匀，加少许水淀粉拌匀，制成馅料；另取低筋面粉加少许清水，搅成糊状。
3. 取适量馅料放在春卷皮上，两边向中间对折，包裹好，抹上少许面糊封口，制成生坯。
4. 热锅注油烧至五六成热，放入春卷生坯，炸至金黄色，捞出，沥干油分，装盘即可。

1

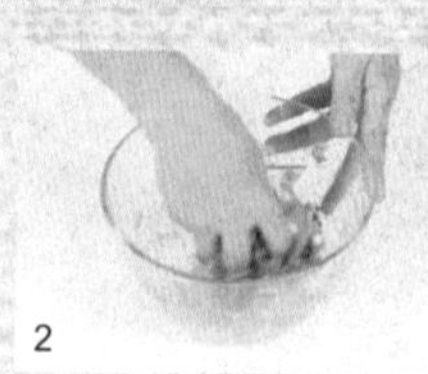

2

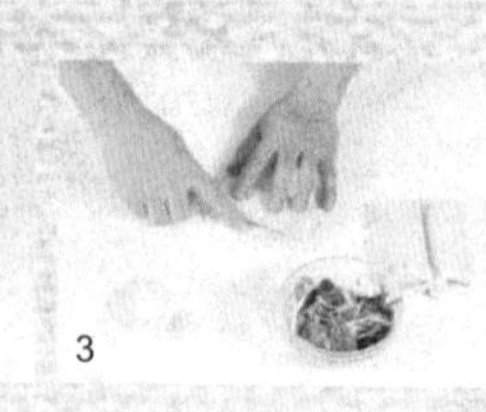

3

4

Tips

可以事先把魔芋丝放入沸水锅中焯煮一下，捞出后用凉水浸泡，这样可以增加魔芋丝的弹性。

冬阴功汤

/泰国/

分量：2人份

制作时间：25分钟

难易度：★★☆

原料

鲜虾300克，草菇200克，鸡汤1000毫升，香茅1根，香菜1棵

调料

姜50克，鲜辣椒、冬阴功酱、青柠檬汁、椰奶、鱼露、细砂糖各适量

制作步骤

1. 虾洗净去头去壳，去除虾线。
2. 草菇去蒂洗净，对半切开。
3. 姜洗净拍松；香茅切段，香菜洗净。
4. 鸡汤倒入锅中，放入姜、香茅、香菜。
5. 大火煮至汤沸，放入草菇。
6. 再次沸腾后放入冬阴功酱。
7. 再放入洗净的虾，煮沸。
8. 调入鱼露、青柠檬汁和细砂糖调味，再次煮沸后根据口味放入鲜辣椒。
9. 关火，放入椰奶，将做好的汤装入碗中，放入香菜叶点缀即可。

Tips

冬阴功汤看似只有酸、辣两味，细品起来却似有百味饶舌，这要归功于其中复杂的香辛料。

泰式椰汁鸡汤

/泰国/

分量：2人份

制作时间：35分钟

难易度：★★☆

原料

嫩鸡肉250克，白玉菇150克，土豆、红辣椒、柠檬各1个，柠檬叶、香茅各适量

调料

椰浆250毫升，盐5克，麻油少许

制作步骤

1. 嫩鸡肉洗净，切块，用盐腌渍。
2. 白玉菇洗净；红辣椒洗净，去蒂；土豆洗净，切厚片。
3. 将400毫升的清水放入锅中煮开，加入柠檬叶、香茅与红辣椒，再加入椰浆以小火慢慢煮开。
4. 当汤汁煮开后，放入土豆煮熟，再加入鸡块、白玉菇，煮至鸡肉变色即可，调入盐，挤入柠檬汁，淋入少许麻油，盛出即可。

马沙文咖喱

/泰国/

分量：2人份

制作时间：28分钟

难易度：★★☆

原料

嫩鸡1只，小土豆200克，花生米30克

调料

葱段、姜片、料酒、盐、咖喱、白糖、食用油各适量

制作步骤

1. 把嫩鸡宰杀洗净，切成大块，放入烧至七成热的油锅中，炸至鸡块外皮紧缩变色，捞出，控干油，放凉。
2. 花生米去红衣后入油锅炸熟，捞出；小土豆洗净，去皮。
3. 炒锅内放入少许油，放入葱段、姜片煸炒，再放入料酒、鸡汤、鸡块，盖上锅盖，烧开后改小火焖10分钟。
4. 放入小土豆焖至熟烂，加入盐、咖喱、白糖调味，焖10分钟，盛出，撒上花生米即可。

咖喱角

/马来西亚/

分量：4人份
制作时间：22分钟
难易度：★★☆

原料

面皮8张，鸡肉丁、叉烧肉丁、肥肉丁、虾仁丁各40克，香菇丁、洋葱丁各20克

调料

水淀粉30克，盐3克，白糖6克，咖喱粉30克，椰浆40毫升

制作步骤

1. 将鸡肉丁、叉烧肉丁、肥肉丁、虾仁丁、香菇丁、洋葱丁放入碗中，加入水淀粉、盐、白糖、咖喱粉、椰浆搅拌均匀，制成馅料。
2. 将馅料等分成8份，每份约25克。
3. 将馅料放在面皮的一角，将对角折起包住馅料，再把剩下的长条边折起，利用面粉糊固定四周，制成咖喱角。
4. 将咖喱角放入烧开的油锅中炸至表面呈金黄色，捞出，装入盘中即可。

越南米纸卷

/越南/

分量：2人份

制作时间：20分钟

难易度：★★☆

原料

春卷皮6张，熟虾仁100克，豆芽菜、胡萝卜丝、黄瓜丝、魔芋丝、菠菜、葱段各适量

调料

盐2克，白糖、鱼露、柠檬汁、辣椒末、豆豉、花生碎各适量

制作步骤

1. 豆芽菜洗净，取豆芽梗，焯水至断生；胡萝卜丝、魔芋丝焯水至断生。
2. 春卷皮在沸水中浸泡片刻，变软后捞出，依次摆上豆芽梗、葱段、胡萝卜丝、黄瓜丝、魔芋丝、菠菜、熟虾仁，将食材包住，制成纸米卷。
3. 将清水、盐、白糖、鱼露、柠檬汁、辣椒末、豆豉、花生碎混合均匀，调成酱汁，食用春卷时蘸酱食用即可。

越南风味葱丝挂面

/越南/

分量：1人份
制作时间：15分钟
难易度：★★☆

原料

牛肉100克，挂面80克，朝天椒圈10克，豆瓣酱10克，鱼酱20克，清水300毫升，清汤100毫升，大葱白25克，香葱10克，香菜少许

调料

盐、黑胡椒粉各2克，椰子油6毫升

制作步骤

1. 香葱洗净，切成段；洗好的大葱白切成丝；牛肉洗净，切片。
2. 汤锅置火上，用大火烧热，放入一半椰子油、清水、清汤，放入鱼酱、豆瓣酱，煮约1分钟至烧开，盛出汤料。
3. 炒锅置火上烧热，倒入剩余的椰子油，放入牛肉片，炒约2分钟至转色，加入盐、黑胡椒粉，炒匀调味，盛出。
4. 洗净的汤锅注水，大火烧开，放入挂面，煮约90秒至熟软，捞出，装入盘中，四周放入香菜，中间放入牛肉片、香葱段、大葱丝、朝天椒圈，浇上煮好的汤料即可。

Tips
牛肉炒至几成熟可根据个人喜好和习惯选择。

越南河粉

/越南/

分量：1人份
制作时间：135分钟
难易度：★★☆

原料

河粉100克，牛肉50克，牛骨200克，洋葱块少许

调料

盐2克，白糖、胡椒粉、鱼露、柠檬汁各适量，青椒圈、红椒圈、八角、草果、香菜、生姜片各少许

制作步骤

1. 牛肉洗净，焯水；八角、草果、牛骨洗净；将生姜片、洋葱块用火烤香后备用。
2. 锅中加入适量清水烧开，放入牛肉、牛骨、烤姜片、烤洋葱、八角、草果，用中火熬煮至牛肉熟后，捞起切片。
3. 继续用小火熬汤2小时左右，加入盐、白糖、胡椒粉、鱼露调味。
4. 把河粉烫软后装入碗中，加入青椒圈、红椒圈、柠檬汁，铺上适量的牛肉片，浇入沸汤，撒上香菜即可。

芭蕉叶蒸鱼

/柬埔寨/

分量：3人份
制作时间：40分钟
难易度：★★☆

原料

龙利鱼片500克，鸡蛋100克，椰浆100毫升，芭蕉叶、米糕各适量

调料

食用油、盐、辣椒粉、香菜、红椒各适量

制作步骤

1. 将洗净的芭蕉叶叠成一个小碗状，可用牙签或者订书针固定四边，再在内部刷一层食用油。
2. 红椒洗净，切斜圈；香菜洗净，备用。
3. 将龙利鱼片切末，搅打成鱼肉泥，放入盐、辣椒粉、鸡蛋、椰浆搅拌均匀。
4. 把鱼肉泥放入芭蕉叶中，再放入米糕、香菜、红椒。
5. 蒸锅注水烧开，把盛满鱼肉的芭蕉叶放入蒸架上，蒸约10分钟即可。

青木瓜沙拉

/老挝/

分量：2人份
制作时间：20分钟
难易度：★☆☆

原料

泰国青木瓜1只，西红柿1个

调料

花生、朝天椒各10克，大蒜15克

制作步骤

1. 将青木瓜去皮，切开去籽，切成丝。
2. 将朝天椒洗净，去蒂后切碎。
3. 大蒜去皮，洗净后剁碎。
4. 西红柿洗净，切成小瓣。
5. 花生洗净，入油锅中略炸，然后捞出沥干油，拍碎。
6. 将木瓜丝、朝天椒、蒜蓉、西红柿一起拌匀，装入碟中，撒上花生碎即可。

Tips
青木瓜沙拉起源于老挝，而后随着老挝人移民到曼谷，被引入到泰国中部，深受泰国人的喜爱。

咖喱牛肉

/印度尼西亚/

分量： 1人份
制作时间： 38分钟
难易度： ★★☆

原料

牛肉200克，土豆、洋葱、西红柿各80克，大蒜30克，牛肉汤500毫升，咖喱膏80克，椰浆适量

调料

盐、料酒、白糖、辣椒油、生抽各少许

制作步骤

1. 洋葱洗净，切块；大蒜去皮，洗净；土豆洗净，切小块；西红柿洗净，切块。
2. 牛肉洗净切块，加盐、料酒腌渍片刻。
3. 油锅烧热，放入洋葱块、大蒜爆香，再下牛肉炒至五成熟。
4. 放入土豆块一起煎至金黄。
5. 加咖喱膏继续翻炒，2分钟后放入西红柿拌匀。
6. 加牛肉汤、咖喱膏，焖煮30分钟后加入椰浆。
7. 加盐、白糖、生抽调味。
8. 咖喱牛肉出锅，淋少许辣椒油即可。

Tips

与东南亚其他国家的饮食相似，印度尼西亚菜总体偏辣，喜欢放各种香料调味，并且大量使用咖喱。刚出锅的咖喱牛肉味道鲜香无比，会让你吃到很撑，但当地人认为隔夜再吃味道更佳。

咖喱蟹

/新加坡/

分量：2人份

制作时间：28分钟

难易度：★★☆

原料

花蟹200克，洋葱15克，青椒10克，红椒10克，香菜6克，姜片、蒜瓣、月桂叶、咖喱粉、姜黄粉、椰汁各适量，面粉少许

调料

盐4克，鸡粉5克，橄榄油、辣椒油、白兰地、胡椒粉、食用油各适量

制作步骤

1. 将洗净的花蟹去外壳、去内脏，剁成块，将蟹脚拍碎。
2. 处理好的洋葱切成小块；洗净的红椒、青椒均去籽，切成小块。
3. 取一碗，放入花蟹，加入适量白兰地，放入适量盐、鸡粉、胡椒粉、面粉抓匀，腌渍片刻。
4. 锅中注油烧热，倒入腌渍好的花蟹，炸至金黄色，捞出。
5. 锅中倒入橄榄油烧热， 放入姜片、蒜瓣、月桂叶、香菜爆香，放入咖喱粉、清水拌匀。
6. 倒入姜黄粉，搅匀，大火煮至沸，加入辣椒油，搅拌片刻，盖上锅盖，煮5分钟。
7. 倒入炸好的花蟹，放入青椒、红椒、洋葱，煮至入味。
8. 关火后将煮好的花蟹盛出，装入盘中，倒入适量椰汁、辣椒油，撒上香菜即可。

Tips

切洋葱时在刀面上抹上食用油，会更方便切。

咖喱鸡肉串

/印度/

分量：1人份
制作时间：10分钟
难易度：★★☆

原料

鸡腿300克

调料

盐3克，咖喱粉15克，辣椒粉、鸡粉各5克，花生酱10克，食用油适量

制作步骤

1. 将洗净的鸡腿去骨、去皮，再切成小块，装入碗中。
2. 撒入适量盐、鸡粉、辣椒粉、咖喱粉，再倒入适量食用油、花生酱，拌匀，腌渍至入味，待用。
3. 用烧烤针将腌好的鸡腿肉穿好，备用。
4. 在烧烤架上刷适量食用油，放上鸡腿肉串，用中火烤3分钟至变色。
5. 翻面，刷上适量食用油，用中火烤3分钟至熟，再稍微烤一下，将烤好的鸡腿肉装入盘中即可。

Tips

用叉子在鸡腿肉上插洞，更易熟透和入味。

美洲佳肴，
多元化的“食尚”体验

美洲的美食如同其文化特质一般，包罗万象。
大洋彼岸的美洲融合了多民族的饮食文化，
从物产丰饶的北美洲，到农业资源发达的南美洲，
这里既有土著居民历代传承的饮食文化，
又有外来移民创造的富有新鲜活力的饮食文化。

魔鬼蛋

/美国/

分量：2人份
制作时间：18分钟
难易度：★☆☆

原料

鸡蛋3个，蛋黄酱30克，法式芥末酱15克，莴苣叶30克，香葱段10克

调料

盐、黑胡椒粉、鸡粉、橄榄油、白醋各适量

制作步骤

1. 莴苣叶清洗干净，沥干水分，摆放入盘中；奶锅中注入清水烧开，放入鸡蛋，盖上盖，开大火煮约20分钟至熟，捞出，放凉，剥去蛋壳。
2. 将鸡蛋对半切开，分离出蛋白和蛋黄，蛋黄装入碗中，蛋白底部切平，待用。
3. 往装有蛋黄的碗中加入适量鸡粉、黑胡椒粉、盐，淋上蛋黄酱，加入法式芥末酱，淋入白醋、橄榄油，搅匀至入味。
4. 将制好的蛋黄泥，装入裱花袋，再剪去袋尖。将蛋黄泥挤入鸡蛋白中，再放入装有莴苣叶的盘中，撒入香葱段和黑胡椒粉即可。

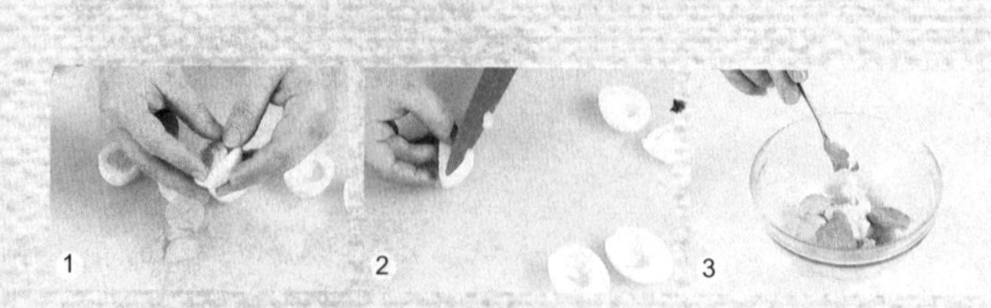

Tips

煮好的鸡蛋可泡在凉水中放凉，能更好地去壳。

脆炸洋葱圈

/美国/

分量：1人份

制作时间：8分钟

难易度：★☆☆

原料

面粉70克，洋葱80克，鸡蛋60克

调料

盐2克，白糖5克，食用油适量

制作步骤

1. 洗净的洋葱切圈，拆出洋葱圈，去除内部白色薄膜。
2. 备好空碗，倒入面粉，打入鸡蛋，一边注入适量清水（约20毫升）一边搅匀，倒入少许食用油，同时不停搅拌，稍稍搅散后撒入白糖，再次搅拌均匀，制成面糊即可。
3. 往处理好的洋葱圈上撒盐，抓匀，裹上面糊。
4. 热油起锅，烧至160℃（开始冒出小泡时），放入裹匀面糊的洋葱圈，炸约4分钟至呈金黄色，捞出炸好的洋葱圈，沥干油分，装盘即可。

1

2

3

4

Tips

应分次油炸洋葱圈，以免成熟度不同。

华尔道夫沙拉

/美国/

分量：1人份

制作时间：6分钟

难易度：★☆☆

原料

黄瓜65克，西芹70克，苹果90克，葡萄干30克，核桃仁50克，西芹叶少许

调料

淡奶油40克

制作步骤

1. 洗净的黄瓜对半切成长条，去籽，斜刀切块；洗好的西芹切成两段，每段对半切成长条，再斜刀切块；洗净的苹果去皮，对半切开，去核，切块，待用。
2. 取大碗，放入适量淡奶油，拌匀，倒入切好的黄瓜块、西芹块，放入切好的苹果块，拌匀食材。
3. 将拌好的沙拉装入备好的盘中，掰碎核桃仁，放在沙拉上。
4. 再在沙拉上撒上葡萄干，随意放些西芹叶装饰即可。

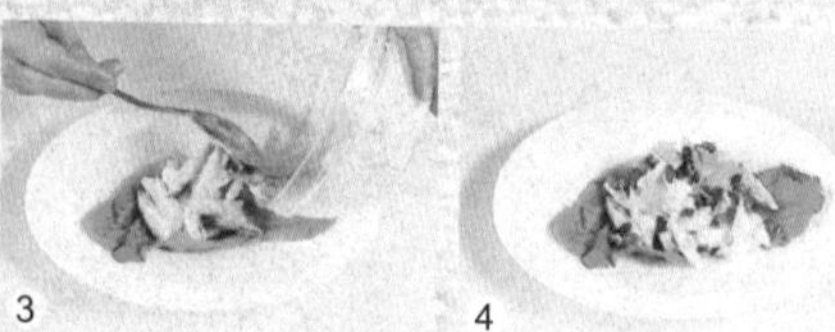

Tips
苹果切好后放入盐水中
浸泡，能防止氧化变黑。

烤蔓越莓鸡肉卷

/美国/

分量：3人份
制作时间：25分钟
难易度：★★☆

原料

火鸡胸肉500克，蔓越莓干50克，大杏仁、开心果各40克，生菜叶适量

调料

胡椒盐8克，黑胡椒粉5克，红酒30毫升，橄榄油适量

制作步骤

1. 将火鸡胸肉洗净，切成1.5厘米左右的厚片，以红酒、胡椒盐腌渍片刻。
2. 取出腌渍好的火鸡胸肉片，放上蔓越莓干、大杏仁、开心果，卷起来，用牙签固定好，静置10分钟。
3. 平底锅内注入适量的橄榄油，放入肉卷，煎至表面上色。
4. 捞起肉卷，放入烤盘，撒入适量的黑胡椒粉，把烤盘送入预热好的烤箱，以180°C烤约10分钟。
5. 从烤箱中取出烤盘，拔出牙签，将烤好的鸡肉卷放入摆有生菜叶的盘中即可。

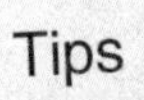

Tips

在煎肉卷时，应先煎制用牙签固定的一面，以免肉卷散开。

热狗

/美国/

分量：4人份

制作时间：135分钟

难易度：★★☆

原料

高筋面粉500克，黄油70克，奶粉20克，鸡蛋50克，水200毫升，酵母8克，烤好的热狗4根，生菜叶4片，洋葱圈、西红柿片、黄瓜片各适量

调料

白糖100克，盐5克，番茄酱、黄芥末酱各适量

制作步骤

1. 将白糖、水倒入容器中，搅拌至白糖溶化，待用。
2. 把高筋面粉、酵母、奶粉混合均匀，倒在案台上开窝，倒入糖水，按压成形，加入鸡蛋，揉成面团。
3. 加入黄油、盐，揉成光滑面团，用保鲜膜包好，静置约10分钟。
4. 将面团分成数个60克左右的小面团，揉搓成圆形，擀平。
5. 将面团卷成卷，揉成橄榄形，放入烤盘中，使其静置发酵90分钟。
6. 将烤箱上、下火均调为190℃，预热后放入烤盘，烤15分钟至熟，取出放凉。
7. 在面包中间直切一刀，但不切断，依次放入生菜叶、洋葱圈、西红柿片、黄瓜片。
8. 再放入烤好的热狗，挤入适量的番茄酱和黄芥末酱即可。

Tips
揉面团时可以在手上拍少许面粉，避免面团粘手。

甜甜圈

/美国/

分量：12个

制作时间：68分钟

难易度：★★☆

原料

高筋面粉250克，蛋液15克，奶粉10克，干酵母5克，清水125毫升，彩色巧克力、糖珠各适量，低筋面粉少许

调料

无盐黄油60克，细砂糖35克，盐2.5克，橄榄油适量

制作步骤

1. 将干酵母、细砂糖、奶粉加入高筋面粉中拌匀。
2. 加入蛋液，分次倒入清水，揉成团后继续揉3分钟，加入盐再次揉面，直至能拉出一层薄膜。
3. 加入无盐黄油，揉至完全融合，可在案台上稍加摔打，使其混合均匀，至能拉出一层透明的薄膜。
4. 给面团覆盖上一层保鲜膜，静置10~15分钟。
5. 将面团分切成每个70克的小面团，揉圆，放在烤盘中，再放进冰箱冷冻10分钟左右，取出，分别擀成面饼，卷起，搓成长条，围成一个圈。
6. 放入铺有低筋面粉的烤盘中，发酵30分钟，再放入油温为140℃的热油中，放进去后立即翻面，炸熟。
7. 彩色巧克力隔水加热融化，取出炸好的甜甜圈，蘸上巧克力液，撒上糖珠进行装饰即可。

Tips

炸甜甜圈前可以先丢个小面团进油锅里，面团沉入锅底表示油温还不够，面团可以马上浮起来表示油温已经合适了。

贝果

/美国/

分量：4个

制作时间：85分钟

难易度：★★☆

原料

高筋面粉160克，全麦面粉40克，全蛋55克，酵母粉4克，清水500毫升

调料

细砂糖58克，盐3克

制作步骤

1. 将高筋面粉、酵母粉、盐、8克细砂糖、全麦面粉倒入大玻璃碗中拌匀。
2. 倒入清水、全蛋，用橡皮刮刀翻压成团，再用手揉几下。
3. 取出面团，放在干净的操作台上，反复揉扯、甩打，揉搓成光滑的面团。
4. 将面团按扁，揉几下，搓圆，放回至大玻璃碗中，封上保鲜膜，常温静置发酵15分钟。
5. 撕开保鲜膜，取出面团，分成四等份，收口、搓圆，盖上保鲜膜，松弛发酵10分钟。
6. 撕开保鲜膜，将面团擀成长舌形，按压长的一边使其固定，从另一边开始卷起，再搓成条。
7. 将条形面团卷成首尾相连的圈，制成贝果坯，发酵30分钟。
8. 锅中倒入清水、50克细砂糖，用中火煮至沸腾，放入贝果坯，两面各烫20秒，翻面前取走油纸，捞出，沥干水分，放在铺有油纸的烤盘上。
9. 将烤盘放入已预热至180℃的烤箱中，烤约15分钟，再调至190℃，烘烤约8分钟，取出即可。

Tips

用水煮贝果坯是为了做出既紧实又有弹性的独特口感，发现面团表面开始有点起皱时就要马上起锅捞起。

枫糖松饼

/加拿大/

分量：2人份

制作时间：12分钟

难易度：★★☆

原料

鸡蛋30克，牛奶120毫升，低筋面粉140克，无盐黄油15克，泡打粉1.5克，树莓、蓝莓、烤杏仁片、薄荷叶各少许

调料

细砂糖40克，枫糖浆50克，橄榄油少许

制作步骤

1. 将鸡蛋、牛奶、细砂糖倒入大玻璃碗中，搅散。
2. 将低筋面粉过筛至碗里，用刮刀翻拌成无干粉的面糊。
3. 无盐黄油隔热水融化，加入泡打粉，搅拌均匀。
4. 将拌匀的无盐黄油倒入面糊里，继续搅拌均匀。
5. 在平底锅内刷上少许橄榄油，加热。
6. 倒入适量面糊，用中火煎约1分钟至定形。
7. 续煎一会儿至底部呈金黄色，翻面，再改小火煎约1分钟至底部呈金黄色，制成原味松饼，盛出，装盘。其余面糊依此做法制成松饼。
8. 在松饼上淋上枫糖浆，点缀树莓、蓝莓、烤杏仁片、薄荷叶即可。

Tips

煎锅中的油温以三四成热为宜，过高的油温会将面糊的表面煎煳。

香煎三文鱼

/加拿大/

分量：1人份

制作时间：8分钟

难易度：★☆☆

原料

三文鱼250克，青豆30克，小土豆片90克，玉米粒60克，莳萝草碎10克，柠檬片适量

调料

盐、鸡粉、白胡椒粉各3克，橄榄油适量

制作步骤

1. 往三文鱼两面撒上适量的盐、白胡椒粉，抹匀，撒上莳萝草碎，挤上柠檬汁，腌渍片刻。
2. 热锅注入适量的橄榄油，烧热，倒入小土豆片、玉米粒、青豆炒匀，加入盐、鸡粉炒匀，盛入盘中待用。
3. 另起锅，注入橄榄油烧热，放入三文鱼，煎至呈焦黄色，盛入盘中待用。
4. 取盘，放入玉米粒、青豆、土豆片、三文鱼，摆好盘即可。

巴西烤肉

/巴西/

分量：1人份

制作时间：8分钟

难易度：★★☆

原料

牛肉300克

调料

粗盐3克，橄榄油适量

制作步骤

1. 将牛肉洗净，沥干水分后切成块。
2. 用烤肉叉将牛肉块串好备用。
3. 将木炭点燃，把串有牛肉的烤肉叉放在烤肉架上准备烤制。
4. 往牛肉上刷一层粗盐和橄榄油，用小火慢慢地烤制均匀。
5. 再刷上粗盐和橄榄油，反复几次，让盐溶化，渗透进牛肉中。
6. 待烤至牛肉两面金黄，肉香扑鼻时即可食用。

炭烤肉排

/阿根廷/

分量：3人份
制作时间：20分钟
难易度：★★☆

原料

肉排3根

调料

孜然粉、OK酱、烤肉酱各5克，盐、鸡粉各3克，烧烤汁10毫升，香菜、食用油各适量

制作步骤

1. 肉排洗净切花刀，表面撒上盐、鸡粉、孜然粉，抹匀，均匀地淋上烧烤汁，抹匀。
2. 将肉排翻面，重复前面的操作，倒入食用油，抹匀，腌渍至其入味，备用。
3. 在烧烤架上刷食用油，放入肉排，用小火烤至上色，翻面，刷上食用油，用小火续烤5分钟，刷上食用油、烧烤汁、烤肉酱、OK酱，翻至侧面，用小火烤3分钟。
4. 再刷上少许食用油、烧烤汁、烤肉酱、OK酱，翻至另一侧面，用小火烤3分钟，刷上少许食用油，翻面，用小火烤3分钟，边翻转肉排，边刷烤肉酱，烤约1分钟，装盘，点缀上香菜即可。

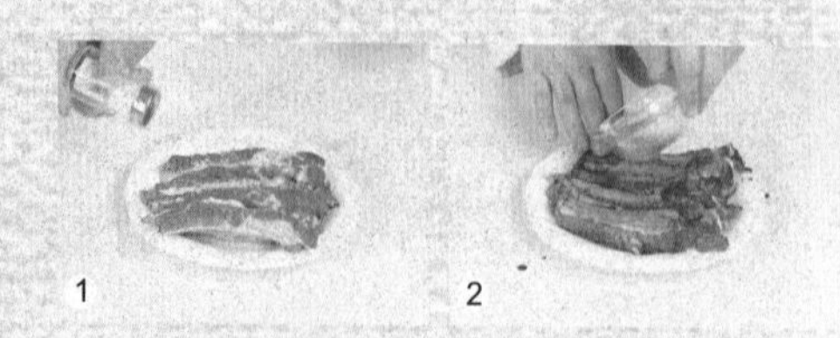

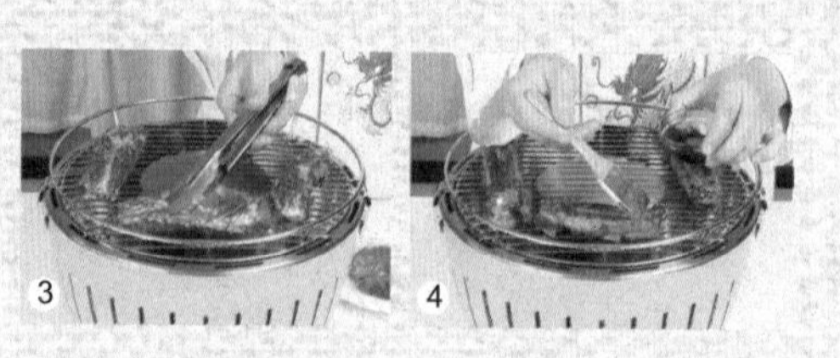

Tips

烤肉排时，应多翻转几次，这样更易熟透。

委内瑞拉玉米饼

/委内瑞拉/

分量：2人份
制作时间：45分钟
难易度：★★☆

原料

玉米粉150克，面粉50克，猪肉末、西红柿丁、洋葱丁、胡萝卜丝、奶酪、生菜各适量

调料

盐3克，酱油6毫升，白糖25克，牛奶250毫升，酵母粉5克，食用油适量

制作步骤

1. 玉米粉和面粉放入盆中拌匀，酵母粉用温牛奶化开后倒入盆中，加入白糖拌匀，发酵，制成玉米面糊。
2. 平底锅烧热放食用油，舀一勺玉米面糊倒入锅中，用中小火煎成玉米饼。
3. 奶酪刨成细丝；生菜叶洗净，切丝。
4. 将猪肉末倒入锅中翻炒，加盐、酱油调味，加入洋葱丁拌炒均匀，盛在玉米饼上，撒上西红柿丁、生菜丝、胡萝卜丝、奶酪丝即可。

发吉达

/墨西哥/

分量：2人份

制作时间：15分钟

难易度：★★☆

原料

墨西哥卷饼2张，牛肉120克，西红柿、酸黄瓜、生菜叶各少许

调料

橄榄油30毫升，蒜末、姜末、辣椒末各6克，盐3克，白胡椒粉5克，番茄酱适量

制作步骤

1. 牛肉切小块；西红柿切片；酸黄瓜切小片；生菜叶洗净。
2. 锅中注入橄榄油烧热，放入蒜末、姜末、辣椒末爆香，再将牛肉块放入锅中翻炒2分钟，倒入少许鸡汤焖煮至熟，再用盐和白胡椒粉调味。
3. 将墨西哥卷饼平铺，均匀地放上炒好的馅料，依次放上西红柿、酸黄瓜、生菜叶，淋上番茄酱，卷成卷即可。

鸡肉蔬菜汤

/智利/

分量：2人份
制作时间：60分钟
难易度：★☆☆

原料

鸡脯肉200克，西红柿1个，南瓜、土豆各120克，豆角、姜片各少许

调料

盐3克，高汤适量

制作步骤

1. 鸡脯肉洗净，斩成块备用；豆角洗净，切成段。
2. 南瓜、土豆去皮，洗净后切成块；西红柿洗净，切成块。
3. 锅中倒入适量清水，下入姜片烧开，放入鸡肉氽去血水，捞出，沥干水分备用。
4. 另起锅，倒入高汤，放入鸡肉，加盖烧开，转小火煮40分钟。
5. 揭盖，放入切好的土豆、南瓜和豆角继续炖煮10分钟。
6. 倒入西红柿块，再煮5分钟至熟，加入盐拌匀调味即可。

非洲美食，大羹至简却不失风味

了解非洲各种美食，感受自然古朴之风，你还在等什么！
非洲受地理环境、气候的影响，往往给人一种荒凉、原始的感觉，
虽然这里的粮食作物并不丰富，但非洲人民热情、奔放、质朴，
将这些特质融入到美食当中，就形成了非洲独特的饮食文化。

烤羊排

/几内亚/

分量：4人份

制作时间：40分钟

难易度：★★☆

原料

羊排1000克，洋葱丝20克，西芹丝20克，蒜瓣5克，迷迭香10克

调料

盐8克，蒙特利调料10克，橄榄油30毫升，鸡粉3克，生抽10毫升，黑胡椒碎适量

制作步骤

1. 在洗净的羊排前端切去羊皮与肉，将羊排骨头中间相连的肉切去。在羊排上端部分沿着骨头切开，并砍去骨头，将羊皮完全剔除，洗净。
2. 将蒜瓣、西芹丝、洋葱丝用手捏挤片刻，把迷迭香揪碎，放在羊肉上，加入黑胡椒碎，撒入适量盐、蒙特利调料、生抽、橄榄油、鸡粉，抹匀，腌渍至入味，放入铺有锡纸的烤盘中。
3. 将烤箱上下火温度均调为250℃，烤盘放入烤箱，烤15分钟，取出烤盘。将羊排翻面，再次将烤盘放入烤箱，继续烤10分钟。
4. 取出烤盘，将羊排翻面，入烤箱，再烤5分钟至熟，从烤箱中取出烤盘，拿出羊排，装入盘中即可。

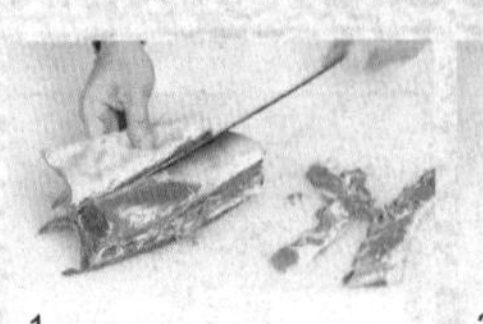

1

2

3

4

Tips
将蒜瓣、西芹挤出汁，
腌渍羊排时更易入味。

芒果椰子鸡胸肉卷

/毛里求斯/

分量：2人份
制作时间：20分钟
难易度：★★☆

原料

鸡胸肉300克，椰肉80克，五花肉、芒果各100克，白洋葱30克，柠檬适量

调料

盐2克，胡椒粉、红酒、橄榄油各适量

制作步骤

1. 取部分鸡胸肉切片，余下的和五花肉一起剁碎，用盐、红酒、胡椒粉、橄榄油腌渍，制成肉末；芒果去皮切碎，白洋葱、柠檬、椰肉切碎。
2. 肉末中放入芒果碎、白洋葱碎、柠檬碎、椰肉碎拌匀，制成馅料。
3. 将鸡肉片摊平，放上馅料，从一端向另一端卷起，用棉线扎紧，刷上一层橄榄油，放入烤箱，以180℃烤制10分钟，取出，装入盘中即可。

咖喱肉末

/南非/

分量：2人份
制作时间：15分钟
难易度：★☆☆

原料

肉末300克，豌豆20克，洋葱100克，香菇35克，土豆丝、蒜末各10克

调料

盐2克，咖喱酱10克，番茄酱15克，橄榄油适量

制作步骤

1. 将豌豆洗净，和土豆丝一起放入热水锅中，加盐煮熟，捞出，沥干水分备用。
2. 洋葱、香菇分别洗净，都切成末。
3. 锅中注入橄榄油烧热，倒入蒜末炒香。
4. 倒入肉末、洋葱末和香菇末炒匀，倒入番茄酱，加入咖喱酱炒匀，淋入清水炒匀，小火煮沸后盛入碗中。
5. 将煮好的豌豆和土豆丝摆入碗中即可。

炭烤羊排

/埃及/

分量：3人份
制作时间：45分钟
难易度：★★☆

原料

烤饼1个，羊排600克

调料

盐4克，黑胡椒粉、孜然粉、烧烤汁、橄榄油、料酒各适量

制作步骤

1. 将羊排洗净，斩成段，用盐和料酒腌渍30分钟入味。
2. 将橄榄油倒入碗中，加盐、黑胡椒粉、孜然粉和烧烤汁，拌匀，制成烧烤味料。
3. 把羊排平放在烧烤架上，以微炭火烤制，边烤边把调好的烧烤味料均匀地刷在羊排上，反复3～4次。
4. 烤约5分钟后翻面，用同样的方法继续烤5分钟。待两面烤好后，再刷上一层橄榄油，继续烤至羊排至七八成熟。
5. 将烤好的羊排整齐地摆在烤饼上即可。

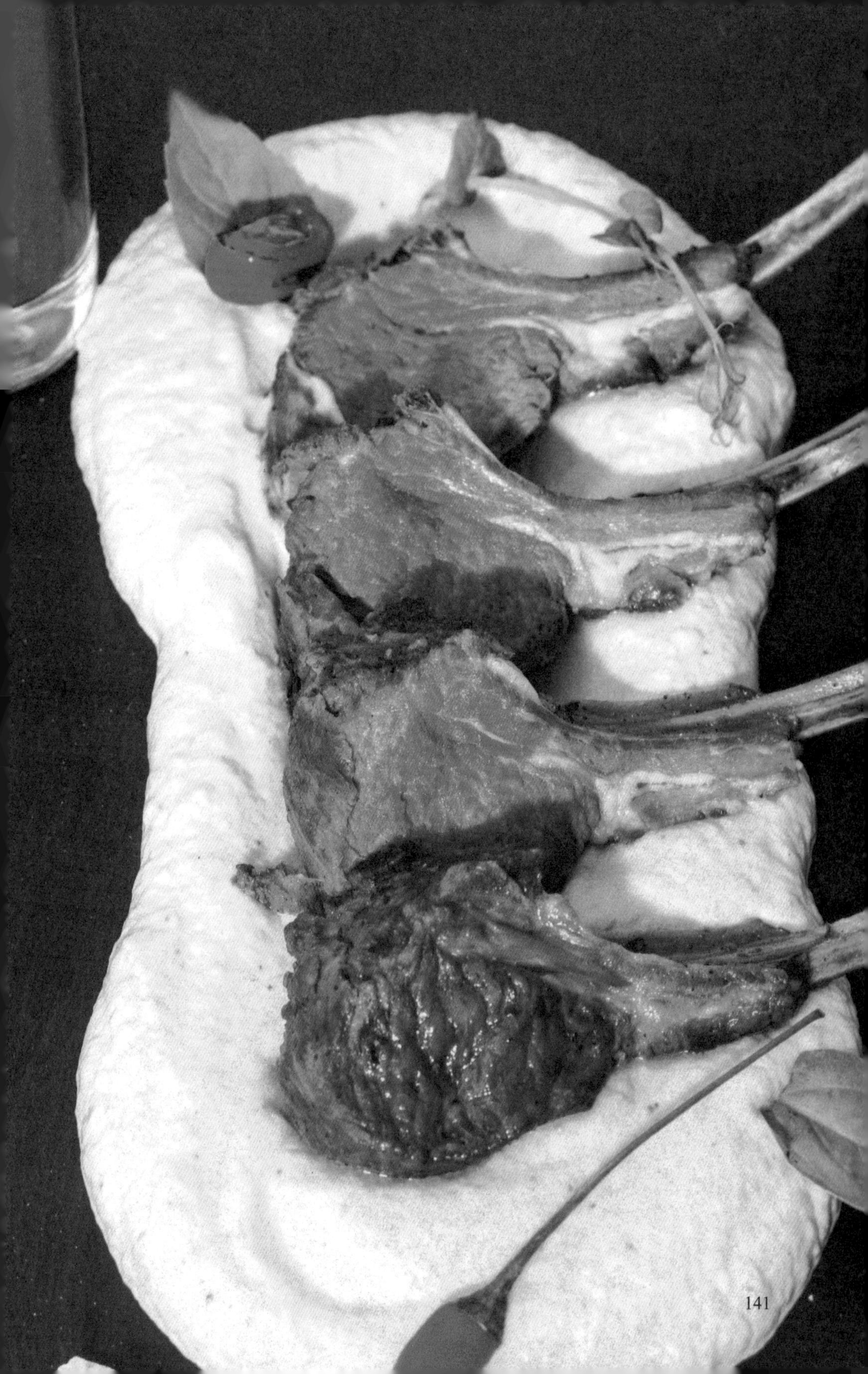

锦葵汤

/埃及/

分量：2人份

制作时间：25分钟

难易度：★☆☆

原料

锦葵叶250克，大蒜适量

调料

盐2克，奶油15克，鸡汤、黄油各适量

制作步骤

1. 将锦葵叶洗净、晒干，切碎；大蒜洗净，剁成末。
2. 锅中倒入黄油，加热至融化，倒入鸡汤，放入锦葵叶，大火煮开后转成小火煮15分钟至熟，加入盐，拌匀再煮一会儿至汤汁浓稠，关火待用。
3. 另取一锅，加入奶油，烧热后放入蒜末，炒香。
4. 将炒香的奶油蒜末倒入锦葵汤中拌匀。
5. 盛出锦葵汤，点缀上奶油蒜末即可。

炖蔬菜

/阿尔及利亚/

分量：3人份

制作时间：42分钟

难易度：★☆☆

原料

青椒4个，红椒4个，西红柿2个，大蒜4瓣，洋葱1个

调料

橄榄油20毫升，辣椒粉5克，盐2克，摩洛哥综合香料、胡椒碎各适量

制作步骤

1. 取出烤盘，铺上烘焙纸，将整个青椒、红椒放入已预热至210℃的烤箱中烤15分钟，取出，冷却后剥皮，切块。
2. 平底锅中注入清水烧开，加入盐，放入西红柿烫30秒，捞出，冷却后剥皮，切块。
3. 大蒜捣成泥；洋葱剥皮切碎。
4. 洗净的平底锅中注入橄榄油，放入大蒜泥和洋葱碎爆香，再放入西红柿块、青椒块、红椒块炒匀，放入辣椒粉、摩洛哥综合香料、盐和胡椒碎调味，小火煮20分钟，并不时搅拌即可。

嫩炒鹰嘴豆

/摩洛哥/

分量：1人份
制作时间：8分钟
难易度：★☆☆

原料

鹰嘴豆20克，柠檬30克，香菜少许

调料

盐、黑胡椒粉各2克，辣椒粉3克，椰子油3毫升

制作步骤

1. 洗净的香菜切成末，装碗待用。
2. 锅中注水烧开，放入洗净的鹰嘴豆，煮约2分钟至断生，捞出断生的鹰嘴豆，放入凉开水中降温，沥干水分，装碗，待用。
3. 锅置火上，倒入椰子油，烧热，倒入浸凉的鹰嘴豆，翻炒约2分钟至香味飘出，加入盐，翻炒约2分钟至熟透。
4. 关火后盛出炒好的鹰嘴豆，装盘，再撒入少许辣椒粉和黑胡椒粉，盘子一端放上切好的香菜末，摆上柠檬，食用时挤入柠檬汁即可。

1

2

3

4

Tips
翻炒至鹰嘴豆表面微焦时，应立即出锅。

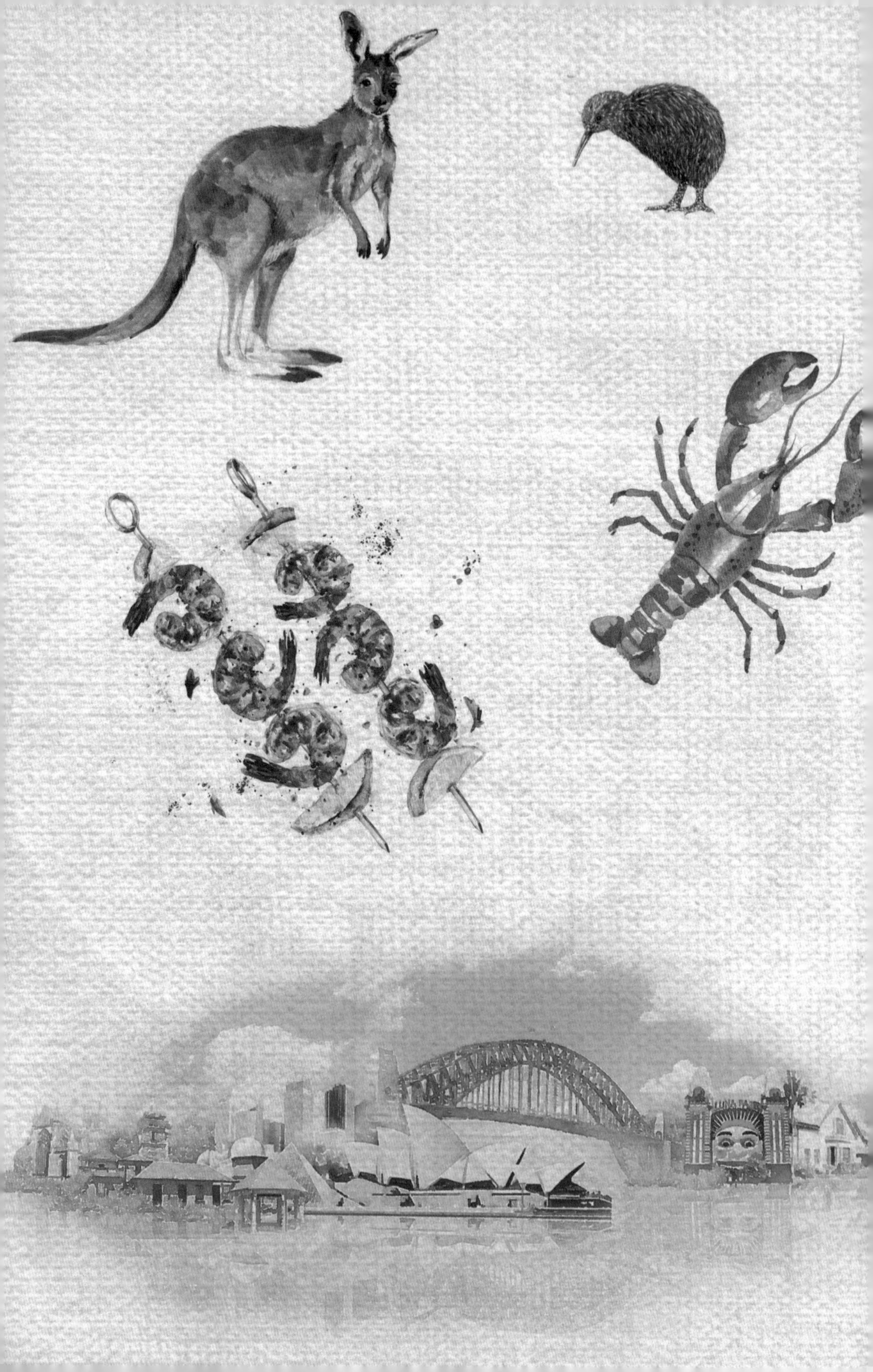

大洋洲盛宴，大自然的美食馈赠

位于赤道和南回归线附近的大洋洲，
拥有优美的自然环境和丰富的物产。
大洋洲融合了亚洲、欧洲等世界各地的美食特色，
形成了独特的饮食文化，
一定会让你大饱口福，享受视觉和味觉上的盛宴。

芝士焗龙虾

/澳大利亚/

分量：1人份

制作时间：17分钟

难易度：★★☆

原料

澳洲龙虾1只（140克），芝士片、柠檬片各2片，面粉20克，黄油40克

调料

盐、鸡粉各1克，胡椒粉2克，白兰地20毫升

制作步骤

1. 将龙虾壳与肉分离，龙虾肉装碗，挤入柠檬汁，加入盐、鸡粉、胡椒粉，将调料拌匀，加入面粉，拌匀，腌渍至龙虾肉入味。
2. 锅置火上，放入20克黄油，加热至微融，放入处理好的龙虾头、龙虾壳，稍煎片刻，倒入白兰地，煎约半分钟至酒精挥发，关火后将煎好的龙虾头、龙虾壳摆盘，待用。
3. 洗净的锅置火上，放入剩余的黄油，加热至其微融，再放入腌好的龙虾肉，煎约半分钟至底部转色，翻面。
4. 续煎半分钟至外观微黄，放入龙虾壳中，放上芝士片，放入烤箱，以上下火200℃烤10分钟即可。

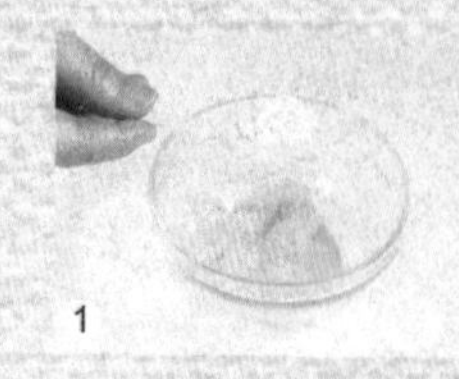
1

2

3

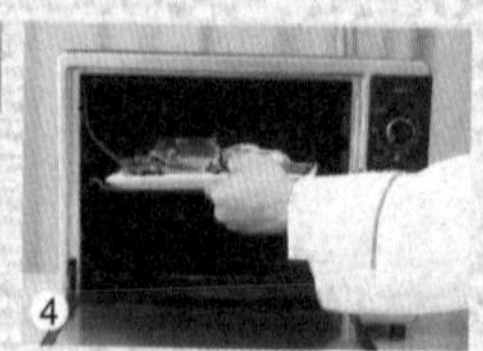
4

Tips
可根据自家烤箱的火力大小调整烤制时间。

蒜蓉香草牛油烤龙虾

/澳大利亚/

分量：1人份

制作时间：22分钟

难易度：★★☆

原料

澳洲龙虾1只（200克），牛油50克，百里香10克，蒜末30克

调料

鸡粉1克，盐、胡椒粉、黑胡椒粉各2克，白兰地15毫升

制作步骤

1. 对半切开的龙虾肉加1克盐、胡椒粉、5毫升白兰地，腌渍至去除腥味。
2. 锅置火上，放入15克牛油，放入龙虾煎1分钟，加入10毫升白兰地，续煎半分钟，关火后将龙虾装入盘中。
3. 洗净的锅置于火上，再放入剩余的牛油、百里香、蒜末，加入1克盐、鸡粉、黑胡椒粉炒匀，铺在龙虾上。
4. 将龙虾放入烤箱，以上下火各200℃烤15分钟，取出即可。

龙虾汤

/澳大利亚/

分量：1人份

制作时间：72分钟

难易度：★★☆

原料

龙虾100克，去皮胡萝卜70克，西芹、洋葱各60克，口蘑、黄油各20克，淡奶油30克，罗勒碎10克，香叶1片，牛奶60毫升

调料

盐、鸡粉各1克，白兰地5毫升，水淀粉10毫升，辣椒汁5毫升，橄榄油适量

制作步骤

1.西芹一半切块，一半切丁；胡萝卜少许切丝，剩余切丁；洋葱一半切丝，一半切丁；口蘑切片；龙虾取出龙虾肉。

2.锅中放入黄油加热，放入西芹块、胡萝卜丝、洋葱丝、龙虾壳、龙虾头、白兰地、清水煮1小时，盛入碗中。

3.锅中注入橄榄油烧热，放入胡萝卜丁、西芹丁、洋葱丁、口蘑片、香叶、罗勒碎、龙虾肉、汤汁、水淀粉、辣椒汁、盐、鸡粉、牛奶、淡奶油拌匀，盛出即可。

烤黑椒西冷牛排

/澳大利亚/

分量：1人份

制作时间：12分钟

难易度：★☆☆

原料

牛排200克

调料

盐、鸡粉各3克，橄榄油8毫升，生抽5毫升，黑胡椒碎、食用油各适量

制作步骤

1. 在洗净的牛排两面均匀地撒入适量盐、鸡粉、黑胡椒碎，淋入适量橄榄油，抹匀。
2. 用剪刀将牛排筋剪断。在牛排上放入适量生抽，腌渍约30分钟入味，备用。
3. 在烧烤架上刷适量食用油。
4. 将腌好的牛排放在烧烤架上，用中火烤3分钟至上色。
5. 翻面，用中火烤3分钟至上色，刷上适量食用油、生抽。
6. 再翻面，用中火续烤1分钟至熟。
7. 将烤好的牛排装入盘中即可。

Tips

烤的过程中不宜多次翻面，否则易使牛排变老。

澳式牛肉煲

/澳大利亚/

分量：2人份
制作时间：140分钟
难易度：★☆☆

原料

牛肉300克，胡萝卜块、洋葱块各适量

调料

黄油30克，番茄酱12克，盐、胡椒粉、葱白、姜片、香叶、料酒、鸡精各少许

制作步骤

1. 牛肉洗净放清水里浸泡15分钟去血水。
2. 将牛肉切成小块，放入冷水锅中，加入少许料酒去腥，水开后煮1～2分钟，去除牛肉纤维中的残留血水。
3. 锅烧热后放入黄油，小火烧至融化，放入洋葱块煸香。
4. 加入胡萝卜块、葱白和姜片炒香，调入番茄酱，炒匀。
5. 加入香叶，再倒入热水、牛肉块。
6. 烧开后转入砂锅，小火炖煮2小时，加入盐、鸡精、胡椒粉调味即可。

Tips

牛肉浸泡在清水中去血水，可以去除腥味，使煮出的牛肉更适口。

巧克力雷明顿

/澳大利亚/

分量：2人份
制作时间：40分钟
难易度：★★☆

原料

鸡蛋125克，低筋面粉65克，泡打粉2克，细砂糖75克，清水10毫升，无盐黄油25克，黑巧克力、椰蓉各适量

调料

柠檬汁15毫升，盐2克，炼乳12克

制作步骤

1. 将鸡蛋、柠檬汁、盐放入搅拌盆，用电动搅拌器拌匀，边搅拌边分三次加入55克细砂糖。
2. 无盐黄油、炼乳和清水隔水加热，煮至融化，混合匀后，倒入蛋液拌匀，筛入低筋面粉及泡打粉拌匀，制成蛋糕糊，倒入方形活底戚风模具中抹平。
3. 烤箱以上火180℃、下火160℃预热，将模具放入烤箱中烤10分钟，再将温度调至上、下火各150℃，烤约8分钟，取出，冷却后脱模，切成小方块。
4. 将黑巧克力倒入隔水加热的锅中，撒上20克细砂糖，加热至融化，关火。
5. 将方块蛋糕均匀蘸上巧克力液，放入椰蓉中，裹上椰蓉，冷藏至巧克力凝固即可。

香烤羊排

/新西兰/

分量：2人份
制作时间：30分钟
难易度：★☆☆

原料

带骨羊排400克，土豆100克，干松茸50克，香葱25克，迷迭香适量

调料

盐3克，黑胡椒粉5克，橄榄油15毫升

制作步骤

1. 土豆洗净，去皮；干松茸洗净。
2. 带骨羊排放入碗中，加盐、黑胡椒粉、橄榄油腌渍入味。
3. 将土豆蒸熟，切成块，备用。
4. 锅中注入橄榄油，烧热，放入松茸，加入少许盐，煎至上色，关火取出。
5. 烤箱预热至180℃，将腌渍好的带骨羊排放入烤箱，烤15分钟至熟。
6. 将带骨羊排、土豆、松茸装盘，配迷迭香和香葱食用即可。

Tips

可以将羊排切成每1根骨头为一块，或每2根骨头为一块后再装盘。

帕芙洛娃蛋白甜饼

/新西兰/

分量：2人份

制作时间：130分钟

难易度：★★★

原料

鸡蛋4个，玉米淀粉10克，淡奶油150克，细砂糖200克，蓝莓、树莓、黑莓、无花果、薄荷叶、香草精各少许

调料

柠檬汁5毫升

制作步骤

1. 将鸡蛋的蛋黄与蛋白分离，取蛋白倒入碗中，加入柠檬汁、香草精搅打均匀。
2. 分两次加入细砂糖，打发，倒入玉米淀粉拌匀，制成蛋白糊。
3. 烤盘中放入烘焙纸，倒上蛋白糊，用抹刀整形成中间略凹的圆形。将烤盘放入预热至100℃的烤箱中，烤1.5~2小时，烤好后冷却再取出。
4. 取淡奶油，打至硬性发泡，抹在蛋白饼上，点缀水果和薄荷叶即可。